WILEY

做中学丛书

25堂海洋实验课

Janice VanCleave's Oceans for Every Kid

【美】詹妮丝·范克里夫 著　王晓平 译

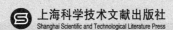

上海科学技术文献出版社
Shanghai Scientific and Technological Literature Press

图书在版编目（CIP）数据

25堂海洋实验课/（美）詹妮丝·范克里夫著；王晓平译.
—上海：上海科学技术文献出版社，2014.12
（做中学）
ISBN 978-7-5439-6402-0

Ⅰ.①2… Ⅱ.①詹…②王… Ⅲ.①海洋学—实验—青
少年读物 Ⅳ.① P7-33

中国版本图书馆 CIP 数据核字（2014）第 244629 号

Janice VanCleave's Oceans for Every Kid: Easy Activities that Make Learning Science Fun

版权所有·翻印必究　　图字：09-2013-532

责任编辑：石　婧
装帧设计：有滋有味（北京）
装帧统筹：尹武进

25 堂海洋实验课

[美]詹妮丝·范克里夫　著　　王晓平　译
出版发行：上海科学技术文献出版社
地　　址：上海市长乐路 746 号
邮政编码：200040
经　　销：全国新华书店
印　　刷：常熟市人民印刷厂
开　　本：650×900　1/16
印　　张：13.5
字　　数：143 000
版　　次：2014 年 12 月第 1 版　2018 年 11 月第 2 次印刷
书　　号：ISBN 978-7-5439-6402-0
定　　价：20.00 元
http://www.sstlp.com

目 录

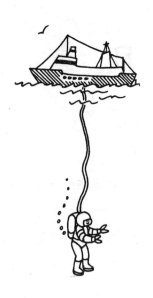

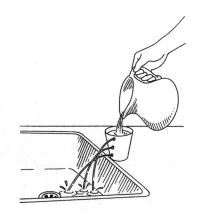

会漂移的陆地

陆地和海洋的位置会变化吗

覆盖地球表面大约 3/4 面积的整个咸水水域叫做**海洋**。地球上海洋的分布并不是一成不变的,而是会随着时间的改变而改变的。科学家达成的基本共识是大约 2 亿年前地球上只有一个海洋,它围绕着一整块的陆地。这块陆地叫做**联合古陆**,也称泛大陆。这个海洋叫做**泛大洋**。

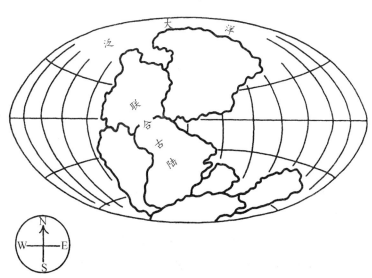

1911 年德国科学家阿尔弗雷德·魏格纳(1880—1930)首次提出有联合大陆这么一回事。魏格纳注意到非洲和南美洲的**海岸线**(海洋和陆地相交的区域)看起来就像是能拼在一起的拼图。

没有人确切知道联合古陆到底在地球的什么位置,可人们认为相比今天的各个大陆,联合古陆的大部分陆地更接近**南极**(地球的最南端)。魏格纳提出,联合古陆首先分裂成两块陆地,并将靠北的一块称为劳亚古陆,将靠南的一块称为冈瓦纳古陆,将劳亚古陆和冈瓦纳古陆分开的水域称为**古地中海**。几千万年来,大陆继续分裂并发生漂移,一些向北、向西漂移,其余的则向北、向东漂移。各个大陆一直在改变和漂移,就呈现出我们现在看到的样子。

联合古陆的分裂没有导致泛大洋分裂成不同的水体,但是科学家为泛大洋的 4 个组成部分分别命名为:太平洋、大西洋、印度洋和北冰洋。

魏格纳是第一个提出**大陆漂移理论**的人。这一理论认为地球上所有的大陆原本是一整块,几千万年来它们相互分离,经过漂移形成了我们现在所知道的各**大洲**(地球上的七大洲:北美洲、南美洲、非洲、大洋洲、南极洲、欧洲和亚洲)。至于大陆怎么移动、为什么会移动,魏格纳并没有给出解释。目前我们得到的解释是**地壳**(地球薄薄的外壳)分裂成了不同的板块,这些板块漂浮在地壳下方较为柔软的**岩浆**(液态的岩石)上。海底板块分离,导致岩浆喷涌而上,填补了裂隙,岩浆上升过程中遇冷,变成了坚硬的岩石。如此一来,海底变宽,原来靠在一起的大陆距离彼此越来越远。几千万年来,海底不断涌出岩浆然后冷却,形成了水下众多的巨大山脊,称为**扩张脊**。

一些形成海洋的地壳板块不断漂移,相距越来越远,另外一些板块却不断相互碰撞和撞击。碰撞时,一个板块常常被挤压到另一个板块的下方,遇到下层的较热部分后熔化。两个板块相撞,被挤压到另一个下方的部分被称为**俯冲带**。在这些区域会形成狭长的水下沟壑,叫做**海沟**。

思考题

仔细观察联合古陆动物分布图,思考联合古陆在分裂前,动物 A 和动物 B,哪一种生活在冈瓦纳古陆上?

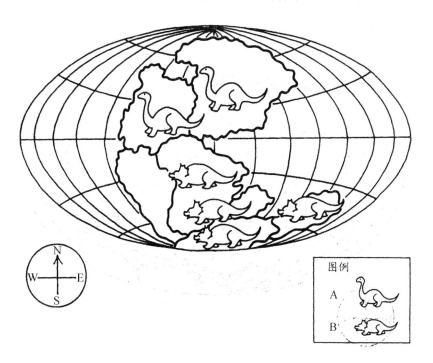

图例

A

B

（1）联合古陆的哪一个部分被称做冈瓦纳古陆？

　　　靠南的那一部分。

（2）图表中——上、下、左、右——哪边是南？

　　　下边是南。

（3）哪一种动物在联合古陆的南部或下部？

答：动物 B 生活在冈瓦纳古陆。

练习题

仔细研究下图，回答下列问题：

1. 哪个区域是劳亚古陆？

2. 哪个区域是古地中海？

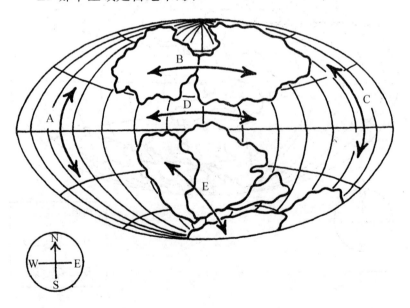

小实验　现在的陆地是怎样漂移而成的

实验目的

演示大陆的漂移过程。

你会用到

一只大的浅盘，一些自来水，9根牙签，一瓶洗洁精。

实验步骤

❶ 往盘里注入水，直到水盖住盘底。

❷ 拿8根牙签并排放到水的中央，使其浮在水面上。

❸ 将剩下的一根牙签的一端用洗洁精蘸湿，然后将弄湿的这一端插入漂浮着的8根牙签的正中间。

❹ 再次将剩下的这根牙签一端用洗洁精蘸湿,然后将弄湿的这一端插入分离开来的每一组牙签的正中间。

❺ 重复步骤 4。

蘸有洗洁精的牙签插入 8 根漂浮的牙签中间,8 根牙签会分离,形成 2 组,每组 4 根牙签。蘸有洗洁精的牙签插入分离开来的 2 组的每一组中间,牙签分成 4 组,继续将蘸有洗洁精的牙签插入新组的正中间,牙签开始迅速彼此分离。

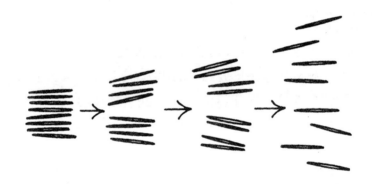

8 根牙签代表一整块联合古陆,盘中的水代表泛大洋。牙签第一次分离可以比做联合古陆分成靠北的劳亚古陆和靠南的冈瓦纳古陆。尽管并不十分准确,但是随后牙签的分离可以比做当今各大陆或者各大洲的形成过程。劳亚古陆据说分成了北美洲、欧洲和亚洲。冈瓦纳古陆则分成了大洋洲、非洲、南美洲和南极洲。第八根牙签代表了印度,印度从冈瓦纳古陆上分离,经过长时间的漂移,最终与亚洲合为一体。

练习题参考答案

1. 解题思路

（1）联合古陆上的哪一部分是劳亚古陆？

　　靠北的那一部分。

（2）图中——上、下、左、右——哪边是北？

　　上边是北。

答：区域 B 是劳亚古陆。

2. 解题思路

古地中海在什么位置？

在北面的劳亚古陆和南面的冈瓦纳古陆中间。

答：区域 D 是古地中海。

四大洋比大小

海与洋可不是一回事哦

在地图和地球仪上,海洋都显示为蓝色的光滑平面,实际上,洋底和陆地表面一样也是崎岖不平、地形各异的。地球上最高的山峰、最低的峡谷、最长的山脉都在洋底。

许多人认为不同的海洋是截然不同的水体,事实上,大洋之间并没有界线。地球上大洋的水相互连通,共同组成了一块巨大的水域。陆地高于水面的地方形成了大陆。地球上大部分大陆位于**北半球**(地球的北半部)。**南半球**(地球的南半部)大部分是水。

地球上这块巨大水域有 4 个主要部分,面积从大到小依次是太平洋、大西洋、印度洋和北冰洋。北冰洋很小,大约 20 个北冰洋才相当于一个太平洋那么大。北冰洋不仅是最小的大洋,而且里面的很多水域一年到头都覆盖着冰层。

最大、最深的大洋是太平洋,总面积几乎相当于另外三大洋之和,太平洋的最大深度为 11 034 米,是世界上已知的最深处。太平洋里的水约占地球海水总量的一半。太平洋、大西洋和印度洋交界的地带有时被叫做**南极洋**或**南大洋**。

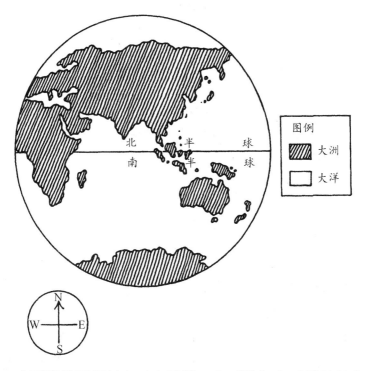

大西洋的面积仅次于太平洋。大西洋与太平洋的长度相当,但是宽度不同。大西洋最宽的地方约 7 000 千米,而太平洋的最宽处约 20 000 千米。

印度洋的面积略小于大西洋,但深得多。印度洋是联系亚洲、非洲和大洋洲之间的交通要道。

大海和大洋这两个词通常被用来指代同一事物,事实上意思并不相同。大洋指四大洋——大西洋、北冰洋、印度洋和太平洋。大海则指比大洋面积小的辽阔咸水水域,可能是大洋的一部分,也可能不是。

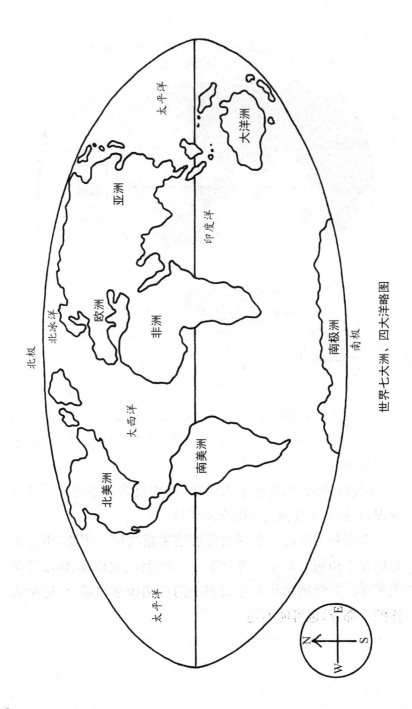

北极

太平洋

大洋洲

亚洲

印度洋

北冰洋

欧洲

非洲

南极洲

南极

大西洋

太平洋

北美洲

南美洲

世界七大洲、四大洋略图

思考题

海峡是狭长的水域，它把比自身大的不同水体连接起来。海峡连接的可能是两个大洋、两个大海或者一个大洋和另一个大海。**海湾**是大海或大洋深入到海岸线以内所形成的弧形湾口。请在下图中辨认：

a. 直布罗陀海峡；

b. 比斯开湾。

a. 解题思路

A 和 B 哪一个是连接大洋和大海的狭长水域？

答：B 是直布罗陀海峡。

b. 解题思路

A 和 B 哪一个深入到海岸线以内，形成了弧形湾口？

答：A 是比斯开湾。

练习题

1. 观察下图回答问题：把日本海和其他水域连接起来的海峡有几个？

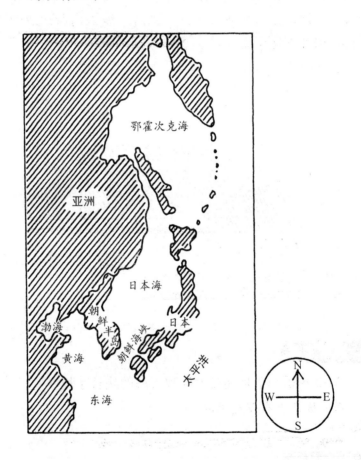

2. 大海是巨大的咸水水体,比大洋小,可能是大洋的一部
分也可能不是。请看下图,找出作为大西洋一部分的
海叫什么?

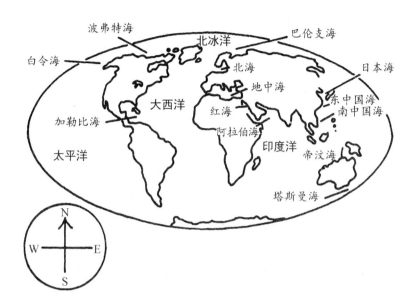

小实验　比较印度洋和大西洋的水量大小

实验目的

展示两个表面积不同的大洋如何能装有同样水量。

你会用到

2 张长、宽各 30 厘米的铝箔,一把直尺,2 杯(500 毫升)自
来水,一名助手。

❶ 拿起一张铝箔折成一个浅盒,步骤如下:

● 将铝箔对折,然后再次对折,做成一个边长为 15 厘米的正方形。

● 将正方形的四边各折起大约 2 厘米,做成铝箔盒的 4 个侧面。

● 将边角多余的铝箔折向一边,紧紧贴合在铝箔盒的侧面。

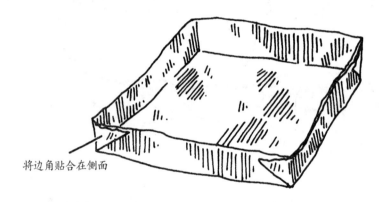

将边角贴合在侧面

❷ 拿起第二张铝箔,做成一个圆锥体,步骤如下:

● 将铝箔对折,然后再次对折,做成一个边长为 15 厘米的正方形。

● 将正方形一组相邻的两个边叠在一起。

● 将重叠的两个边向下折起大约 0.6 厘米。

● 折完后,将铝箔打开、抚平。

● 动手将铝箔做成一个圆锥体。

● 将圆锥椎体顶端向上折起,将折痕按压平整,然后封口。

14

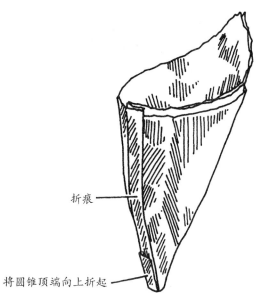

折痕

将圆锥顶端向上折起

❸ 将圆锥开口的一端放入铝箔盒,比较圆锥开口一端的
面积和铝箔盒开口一端的面积,谁大、谁小,然后将圆
锥拿出。

❹ 将铝箔盒放入水池,使盒内注满水。

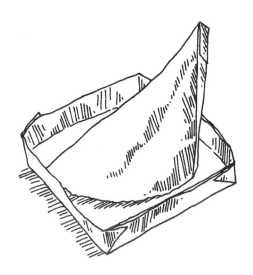

❺ 请助手在水池上方拿着圆锥体,保持圆锥体直立。

❻ 将铝箔盒的水倒入圆锥体,注意不要将水洒出,倒满为止。

❼ 如果盒中还剩水,请记下剩余的水量。

实验结果

铝箔盒开口的一端装下圆锥体开口一端后,还绰绰有余,可是后者几乎能盛下盒内所有的水。

实验揭秘

圆锥体和盒子开口端的面积不同,但它们的**容量**(物体内部的空间)几乎一样。虽然圆锥体开口端的面积小于盒子开口端,但是前者比后者深得多。因此,圆锥体盛下了与盒子几乎同样多的水。同理,虽然大西洋的表面积大于印度洋,但它们的水量几乎相同,因为印度洋的平均深度是 3 900 米,大西洋是 3 300 米,前者比后者深。

练习题参考答案

1. 解题思路

把日本海和其他水体连接起来的狭长水域有几个?

答:如下页图中所示,共有 5 个海峡将日本海和其他水体连接起来。

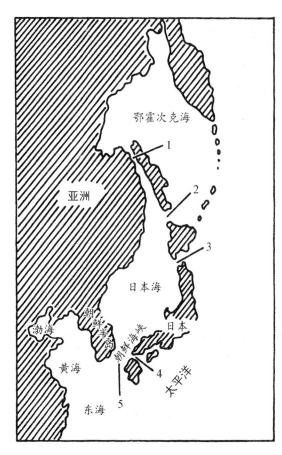

2. 解题思路

哪个海有来自大西洋的海水注入？

答：加勒比海、地中海和北海都是大西洋的一部分。

古代航海家如何在海上测定方位

聪明勇敢的古代航海家

在 15 世纪末以前,人们一直很好奇,想知道海洋的尽头是什么,可没人有足够的胆量驶入当时被称为"黑暗之海"的地方。早在公元前 5000 年,在现今伊拉克所在的位置(以前叫美索不达米亚的地方),人们就开始驾驶帆船沿着河流和海岸线航行,但只有极为勇敢的冒险家才敢把船开到远离海岸的大海深处。这不难理解,因为当时人们以为地球是平的,轮船会从地球的边缘掉下去。另外,人们还相信巨兽会把轮船拖入深海,吃掉船员。

公元前 530 年就有人提出地球并非像饼干一样扁平,而是一个**球体**,可直到距今 1 000 年多一点,这个理念才被广泛接受。即便这样,还是有一部分人在好奇心的驱使下,抑或为了得到或者寻找食物、财富、权力,驶入大海那不为人知的领域。不论他们的动机是什么,在没有航海图、气象图,且对将要驶入的海域一无所知的情况下,这些人毅然出航,是极为勇敢的。不少此类的早期航行最终发现了新陆地,增加了人们对海洋的了解。

没有指南针,没有其他现代仪器,早期**航海家**(轮船的指挥者)利用大自然的各种标志来判断自己的方位。他们有的利用海水的颜色,有的利用空气的味道、鸟儿或云彩的出现来判断是否到达了陆地。他们也利用太阳和星辰来判断航行的大体方向。

白天,航海者观察天空中易于捕捉的日升、日落的轨迹以辨别方向。由于太阳似乎每天早晚都在大约同一个方向升起、落下,人们就用它来判断方向。夜晚,人们则利用星辰。相同的**星座**(一组星辰的特殊组合)在不同的地点观测,看起来都不一样。早期的航海者并不知道诸如**纬线**(想象中的从东到西围绕地球的线)、**赤道**(围绕地球中心的纬线)、**北极**和**南极**(地球上距离赤道最远的北端和南端)这样的术语。他们发现按照同一纬度航行——靠朝着日出或者日落的地方航行来判断——每天夜里都能看到大致同样的星辰。如果以一定角度偏离日出或日落的方向航行,见到的星辰就会改变——因为他们改变了航行的纬度。这是由于地球是球体,星星落到**地平线**(想象中的天空和地球相交的那条线)以下,人们就看不见星星了。

在北半球,可以利用**北极星**(在北极的正上方)来辨别经度。站在北极,北极星看起来就在头顶。而越是靠近赤道,北极星看起来在空中的位置就越低。北极星越是接近地平线,经度就越小,航海者也越靠近赤道。在南半球,即赤道以南,南十字星座因为它修长的十字直指南极,因此人们用它进行粗略导航。

公元 1415 年前后,以葡萄牙人为先锋的西欧人,开始进入大西洋探险。现在人们认为是葡萄牙人发明了通过测量北极**星地平纬度**(某个天体,例如恒星或行星,与地平线之间的角

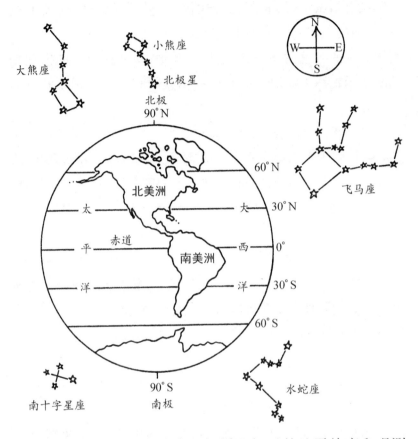

度)来推算地球纬度的技术。据说北极星的地平纬度和观测者所处的地球纬度相同。赤道的纬度是0°,北极处于北纬90°(90°N)。北极星在夜空中看起来越高,纬度就越高,我们也越靠近北极。

葡萄牙航海者发现在赤道以南观测不到北极星。他们利用太阳正午时的地平纬度测量经度,就解决了这个难题。由于太阳在赤道上看起来就在人的头顶正上方,因此赤道上太阳的地平纬度最高,而越靠近南极,太阳的地平纬度就越低。

思考题

下图展示了正午时分两艘轮船的位置。请问哪一艘轮船更靠近赤道?

解题思路

(1) 正午时分,在赤道上,太阳看起来就在我们头顶的正上方。

(2) 哪幅图表明太阳几乎就在我们头顶的正上方呢?

答: A船距离赤道更近。

练习题

图中是在 3 个不同经度上看到的北极星的位置。北极星处于哪个位置时说明轮船最靠近北极呢?

小实验 观星识方位

实验目的

利用北极星判断你所处的经度。

一段长 30 厘米的细线,一把量角器,一只金属螺母垫圈,一卷遮盖胶带,一支记号笔,一根吸管,一把手电筒,一名助手。

实验步骤

❶ 将细线的一端穿过量角器中间的孔,系住。

❷ 将细线的另一端系住金属螺母垫圈。

❸ 用胶带将吸管固定在量角器的水平侧边上。

❹ 撕下几小段遮盖胶带,贴在量角器上,不要盖住刻度,如下图所示写下 0～90。

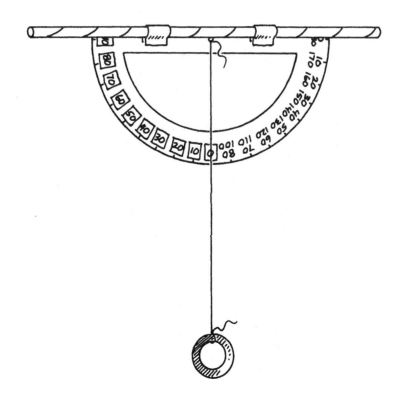

❺ 站到屋外，通过将大熊座勺端最外边的两颗星连成一条线，找到北极星（北极星应该在同一条直线上）。

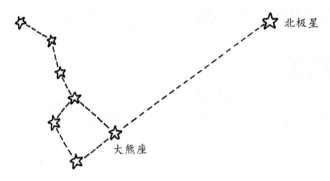

北极星

大熊座

❻ 闭上一只眼，用另外一只眼通过吸管观看北极星。

❼ 请助手拿手电筒照明，读出细线和量角器相交的角度。

北极星在地平线以上呈现的角度取决于你在北半球的位置。你的位置越靠北,北极星呈现的角度就越大。

北极星在地平线以上的角度和观察者所处的纬度是一致的。对于上页图片中的小孩,实验中制作的**星盘**(查看星体高度的设备)表明北极星大约在地平线以上 60°,这正是站在北纬 60° 的观测者看到的北极星景象。假如观测者站在北纬 40°,那么北极星就在北方星空地平面以上 40° 的地方。早期航海者就是利用北极星的天体高度来判断自己所处位置的。

练习题参考答案

（1）天空中北极星越高,说明观测者离北极越近。

（2）北极星在天空中的哪个位置最高?

答：北极星出现在位置 A 时,轮船最接近北极。

4 谁是"海洋学之父"

早期海洋研究的方法和技术

　　海员为了搜集影响航行的信息，例如风、洋流、水温等数据，成为最早的海洋探险者。但是直到19世纪中期才有科学家开始对海洋进行专门研究。从1842年到1861年，在美国海军服役的马修·莫里(1806—1873)搜集并出版了关于各大洋比如海洋深度、洋底物质、海洋生物等信息。马修研究取得的一个重要成果是他得到了有关海洋洋流的大致地点和流向的数据，因此他被誉为"海洋学之父"。

　　1872～1876年，一支科考队在查尔斯·威维尔·汤姆森爵士(1830—1882)的带领下登上了英国海洋调查船"挑战者"号，他们研究海风、洋流、水温之外，还第一次对洋底进行了科学探索。他们将许多水桶用绳索吊着投进大海，然后看看能从海底捞起些什么。在这次远航中，人们打捞到了以前从未见过的深海鱼。1895年约翰·默里爵士(1841—1914)发表了这次探险的报告，报告中他描述了海底的模样，提供了大量关于海洋生物和**海底沉淀物**(沉淀在海底的物质)的资料。

　　在默里发表的长达50卷的报告中，首次使用了海洋学这个词。该报告是海洋学研究的起点。海洋学研究包括**海洋生物学**(对海洋生物的研究)、**化学海洋学**(对海水及其化学特点的研究)、**物理海洋学**(对海水流动的研究)、**地质海洋学**(对洋底、海滩和海洋化石的研究)。

现代海洋学家(研究海洋的科学家)会觉得"挑战者"号使用的设备相当原始,可是其中一些技术例如用网搜集生物样本,将物质从海底捞起等现在仍在沿用。

如今,在海洋研究中,除了海面航行的船只外,科学家已经研制出了**深海潜水器**(能在水下航行的无人装置)和潜水服。潜水器具有坚硬的外壳,能承受随着水深增加而不断增大的水压。有些潜水器还配备了机械手、观察窗、外置光源、摄像机和其他设备,以帮助科学家观察和搜集样本。不少潜水器都能搭载科学家,而有些则无人驾驶,由海面船只控制。这些无人驾驶的潜水器被称做**水下机器人**(可遥控的潜水器)。

法国海洋探险者雅克·库斯托(1910—1997)和工程师埃米尔·加尼昂发明了**水肺潜水设备**(自带气体的水下呼吸器),彻底改变了潜水活动。这套设备包括潜水员背在身上放在气瓶里的压缩空气。有了空气供给,潜水员就可以潜得更深,在水下停留更久。

尽管还有大量的洋底没有探索,但是由于研究海洋的新技术和新方法的不断涌现,近年来,人们收集到了比从前多得多的数据。深海潜水器使科学家们能到达海洋深处。现代潜水服可以让潜水员在水下停留更久,有些潜水服还可以加热,并配有能利用电池驱动的马达,以帮助潜水员在水下更便捷地游来游去。

思考题

仔细观看下图,请问哪个图片是深海潜水器?

(1) 深海潜水器是无人驾驶的潜水器。

(2) 哪幅图是一艘无人潜水器?

答:图 C 是深海潜水器。

练习题

1. 仔细观察英国海洋调查船"挑战者"号航行图,回答下列问题:

   a. "挑战者"号的航行是从哪里开始的?

   b. "挑战者"号研究的是什么海?请按照当初的研究顺序依次列出海洋的名称。

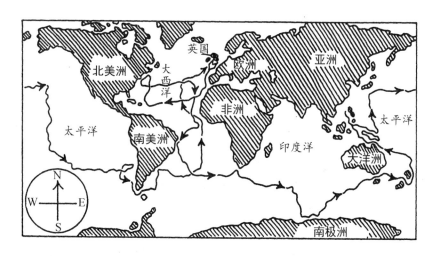

2. 地球上最深的地方位于太平洋的马里亚纳海沟,最深处名叫"挑战者深渊"。利用下页的图,找出 1960 年到达该深渊渊底约 10 800 米的两人深海潜水器的名称。

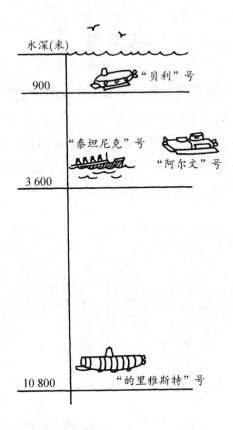

水深(米)

900　　　　　"贝利"号

"泰坦尼克"号　　　　"阿尔文"号

3 600

10 800　　　"的里雅斯特"号

小实验　潜水艇为什么能在
水中时浮时沉

实验目的

演示潜水艇的上浮原理。

你会用到

一卷胶带，2枚硬币，一只小的窄口塑料瓶，一把剪刀，一根弯头吸管,一团橡皮泥,一只大碗,一名成年人助手。

❶ 将 2 枚硬币并排,并用胶带固定在塑料瓶外侧靠近瓶底的地方。

❷ 请成年人助手用剪刀在瓶子的一侧从上至下剪出 3 个洞,这 3 个洞要呈直线排列。

❸ 将吸管较短的一端插入瓶口,然后用橡皮泥封住瓶口。

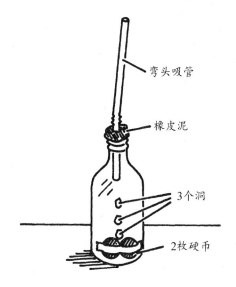

弯头吸管

橡皮泥

3个洞

2枚硬币

❹ 将碗中注满水。

❺ 将瓶子放入碗中,使有洞的一端朝下。

❻ 将瓶子按进水里,直到注满水,不再从碗底浮起为止。

注意:如果瓶子无法沉在碗底,请再多粘几枚硬币。

❼ 向吸管中吹气。

瓶子浮到了水面。

实验揭秘

　　潜水艇是一种为了在水下长时间运行而设计的密封容器。1620年,第一艘由荷兰物理学家克尼利斯·德雷尔(1572—1634)建造的潜水艇沿着泰晤士河穿过伦敦。这艘潜水艇在一艘手划船的外面罩了一层皮革防水。第一艘和现代潜水艇外形相似的潜水艇由美国发明家罗伯特·富尔顿(1765—1815)于1800年建造。富尔顿的潜水艇和现代潜水艇一样,由**压载水舱**(用来保持潜水艇平稳并控制下潜深度的承重水仓)中的水量来决定上浮还是下潜。如果压载水舱中充满水,潜水艇就会像这个实验中的瓶子一样下沉;同理,如果空气将水挤出水舱,那么潜水艇就会上浮。

练习题参考答案

（1）一条弯曲的一端带箭头的线段标出了"挑战者"号的航线,空心箭头的一端是航行的起点,带黑色箭头的一端是航行的终点。

（2）该线段空心箭头的一端在哪里?

答:"挑战者"号航线从英国开始。

从英国开始,跟随箭头的方向,按照轮船行驶路线记录下经过的海洋。

答:在"挑战者"号航行中经过的海洋,按照研究顺序分别是:大西洋、印度洋和太平洋。

（1）在图中找出水深 10 800 米的位置。

（2）处在这个深度的潜水器的名称是什么?

答:"的里雅斯特"号深海潜水器下潜到了"挑战者深渊"的洋底。

5 现代海洋研究有哪些先进的设备

现代与早期海洋学研究仪器对比

　　科学家首次尝试测量海洋深度是在 1872～1876 年的"挑战者"号科考航行期间。测量的方法是在绳索的一端绑上重物,缓缓放入海中,直到重物触及海底。科学家记下放入海中绳索的长度,然后将绳索从海中拉起、盘好,这个测量过程在不同的地点重复进行。由于使用的测量工具并不精确,同时,测量过程要经过好几个小时的艰苦工作,因此采集到的数据很少。绳索一端的重物或者海水的压力常常会导致绳索断裂。

　　测量海洋深度的办法叫做**海洋测深**。早期的海洋测深是在绳索上每隔 1.8 米(1 英寻)打一个结,绳索的一端绑缚一个重物,从轮船的一侧投入海中,科学家只要数出重物触及海底的那一刻之前放下去的绳索节数就行了。这个节数就是以英寻(1 英寻＝1.8 米)为单位的海洋深度。

　　现代人利用**声呐**来测量海洋深度,这是一种从船底向洋底发送**超声**(人类听不到的高频声波)的系统。声音在传播过程中会导致水等媒介产生干扰的能量。这种干扰被称做**声波**。声呐系统产生的超声在水中传播,被洋底反射回来到达

轮船,电脑利用**超声在水中传播的时间**(声波从发射起,到其遇到海底被反射、最后返回所需要的时间)来判定从轮船到海底的深度。

　　早期海洋探险家搜集研究样本大多靠的是运气。为了捞

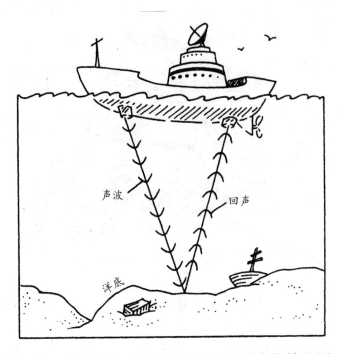

声波

回声

洋底

起深海生物和其他物体，他们在海中贴着洋底拖拽渔网、水桶
或者铁钩。虽然研究人员现在仍然利用渔网捕鱼，但已经开
始使用一种网眼极其细小的网来捕捉**微生物**（肉眼看不见的
生物）。水桶和铁钩已经被岩芯钻取器、南森采水器所代替。
岩芯钻取器是用来从地壳上切下一截管状样本的装置。它是
一个中空管，吊在钢丝上，放到洋底，被施以巨大压力后钻入
洋底，之后，岩芯钻取器连同采集到的样本被吊上船来进行研
究，样本中就可能含有海底微生物。

　　南森采水器（又称颠倒采水器或南森瓶）是一种能在船上控
制，使其在水下不同深度进行开、合的管形装置。人们用它来采
集水下特定深度的水样，拿到船上后再测量海水温度和其他
特性。

过去，人们往往通过往海水中投掷漂浮物来测定**洋流**（持续朝同一方向流动的大股海水）的速度。漂浮物的一端系上绳索，洋流的速度可以通过测量固定时间内绳索被拖出的距离来进行计算。现代用来测量洋流的一种工具叫做**流速计**。流速计上安装了靠流水驱动的螺旋桨。它将固定时间内螺旋桨旋转的次数记录下来，经过计算就能得出洋流的速度。

思考题

选出描述下图中的工具用途的选项：

A. 探明流速最快的洋流的位置；

B. 从洋底搜集沉淀物；

C. 搜集微生物；

D. 测量海洋深度。

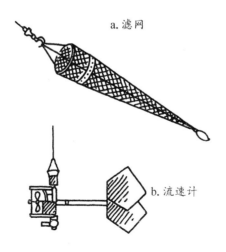

a. 滤网

b. 流速计

滤网的网眼极细,能捕捉极微小的生物。

答: C。滤网搜集微生物。

(1) 流速计用来测量洋流速度。

(2) 流速计可以测量海洋里所有的洋流。

答: A。流速计能探明流速最快的洋流的位置。

练习题

1. 请找出完成下列任务所需要的工具,并写出它们的
名称。

    a. 比较活着的和已经死亡并沉到海底的微生物;

    b. 测量水下 60 米深处的海水温度。

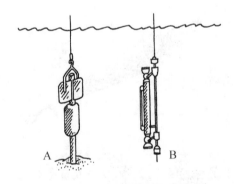

小实验 古代船员如何测量航速

实验目的

演示古代船员测量船速的方法。

你会用到

一把剪刀,一把米尺,一卷细绳,一支铅笔,一只秒表,一名助手。

实验步骤

❶ 剪下 2.7 米长的细绳,将细绳的两端各打一个结。

❷ 将剩下的细绳剪成 8 段,每段长 7.5 厘米。

❸ 在 2.7 米长的细绳上每隔 30 厘米系上一段长 7.5 厘

米的短绳。

注意：短绳要系牢，以免滑动。

❹ 把长绳缠在铅笔中央。

❺ 双手拿起铅笔，让绕在铅笔上的细绳处于一只手的大拇指和食指之间，不要握得太紧。

❻ 请助手拽住细绳散在外面的另一端，开始用秒表计时。

❼ 当助手宣布"放手"时，你慢慢朝助手相反的方向后退，让细绳自行从铅笔上解开，同时数出从你拇指和食指之间通过的绳结数量。

❽ 当助手宣布 2 秒钟计时结束时，你停止后退。

❾ 将细绳在铅笔上再次缠好，重复步骤 5~8，这次尽你自己的最大可能快速后退。

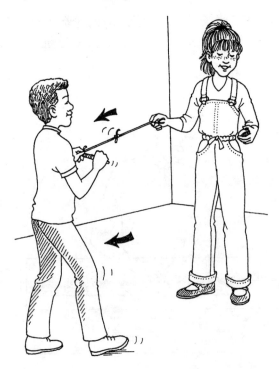

❿ 比较两次解开的细绳长度有何不同。

当你后退较慢时,通过拇指和食指的绳结数量会小于后退较快时的绳结数量。

本实验中,以不同速度向后退,数出的绳结数量与过去海员测量船速的方法类似。船员在绳子上每隔一定的间距打一个绳结,绳子的一端绑上一块木头,投入海中,木头和绳子漂浮在航行的船后,此时船员数出固定时间内从双手中通过的绳结数量,船员手中通过的绳结数量越大,船速越快。船员就使用节来衡量船速。一节就是指船速为1海里/小时(1海里相当于1852米)。

练习题参考答案

1a. 解题思路

(1)工具 A 已经钻入海底搜集了样本。

(2)样本中有活着的和已经死亡并沉到海底的微生物。

答:工具 A 是岩芯钻取器。

1b. 解题思路

(1)工具 B 被放到水中获取样本。

(2)在不同的深度取水,用以测量其水温的工具叫什么?

答:工具 B 是南森采水器。

6 大洋底部也有起伏不平的山脉噢

大洋底部的地形地貌

和大陆表面一样,洋底具有许多不规则和起伏的地形地貌,并非一马平川。洋底的侧面可能类似于下图。从海岸线开始是大陆架,大陆架实际上是大陆在水下的延伸,表面通常表现为向下的缓坡,其面积取决于水深。大陆架最深可延伸至水下约 200 米,宽度各异。美国西部沿太平洋海岸线的大陆架十分狭窄,部分区域甚至没有大陆架。而美国东部的波士顿海岸的大陆架却宽达 416 千米。

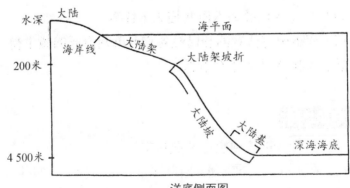

洋底侧面图

大陆架延伸的终点和**大陆坡**（介于大陆架和大洋底之间的陡峭斜坡）开始的地方叫**大陆坡折**。在大陆坡折，坡度突然变大，最后到达洋底最深处称为**深海海底**的地方。深海海底的平均深度约为 4 500 米。大陆坡底部，缓慢抬升，高于深海海底的区域叫**大陆基**。

海底最深处有一部分非常平坦，称为**深海平原**，其余的部分是完全没在水底的山脉，称为**海山**。山顶平坦的海山叫**平顶海山**。一系列的海山和幽深狭窄、呈 V 字形叫作海沟的峡谷构成了长长的**水下山脉**（一系列相连的水下山峦）与**裂谷**（山脊一样长的中心峡谷）。

海洋有地球上最长的连续山脉。四大洋中的山脉连在一起，形成了巨大的山系，叫**海岭**。海岭绵延不断，长达 65 000 千米，大约是**赤道周长**（绕赤道一圈的距离，40 000 千米）的 1.5

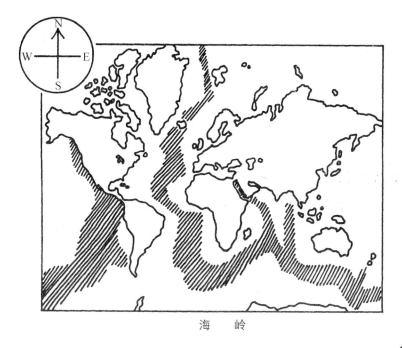

海　岭

倍。大部分地区,海岭高出海底约2千米,个别海山高达6.4千米,有些地方海岭也会突出海面。突出海面的海岭称为**岛屿**(小于大洲,四周环水的陆地)。海岭的宽度约480～1 920千米。

大西洋中的那段海岭被叫做**大洋中脊**,是科学家研究最为详尽、名气最响的海岭。大西洋中脊的裂谷是地壳的一个薄弱地带,地震频发。通过研究该裂谷两侧的岩石,科学家发现大洋中脊正以每年大约2.5厘米的速度向东西方向扩张。

思考题

仔细观察下图,找出哪一部分是大陆基。

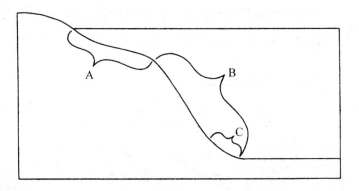

解题思路

(1) A区域是大陆的水下延伸部分,所以A是大陆架。

(2) B区域是连接大陆架和深海海底的陡坡,因此是大陆坡。

(3) 大陆坡的哪一部分开始缓慢地高出深海海底?

答:C区域是大陆基。

练习题

1. 请辨认下图中的洋底地貌。

2. 在下图中找出与以下水下地貌描述一致的海山,并指出其名称。

a. 顶部平坦的海山; b. 高出海面的海山。

小实验 洋底地貌立体模型

制作洋底地貌的三维立体模型。

你会用到

一把剪刀,一只中等大小的纸箱,一卷铝箔,2 杯(500 毫升)自来水,一台搅拌器,几张报纸,一把大漏勺,一块海绵,1/4 杯面粉,一名成年人助手。

实验步骤

❶ 请成年人助手将纸箱裁短,裁完后的箱高为 5 厘米。

❷ 在纸箱内侧的底部和四周垫上铝箔。

❸ 将水倒入搅拌器。

❹ 将报纸撕成碎片。

❺ 将撕碎的报纸投入搅拌器,盖上搅拌器的盖子。

❻ 请成年人助手启动搅拌器进行搅拌,直到搅拌器内生成灰白色的纸浆。

❼ 手持大漏勺,下面用水槽接着,请成年人助手将纸浆倒入漏勺。

❽ 用手指按压过滤器中的纸浆,尽量把水分挤掉。

❾ 把纸浆放到垫了铝箔的纸箱中,按照海底地貌塑造出各种形状。

❿ 如果纸浆不够,可以根据需要重复步骤3~9,在纸箱底

部塑造出尽可能多的洋底地貌。请包括以下地貌：大陆坡、岛屿、平顶海山、海岭、裂谷、海沟、深海平原。

注意："深海平原"要尽可能平整。

⑪ 用海绵吸掉纸浆多余的水分。

⑫ 把纸箱放到温暖的地方，比如有阳光直射的窗前，放置数日，直到纸浆晒干。

⑬ 把面粉撒到"洋底"。

一个展现洋底地貌的三维立体模型就成功出炉了。

实验揭秘

　　纸箱顶部代表海洋表面,唯一高出洋面(箱子顶部)的是岛屿。面粉代表洋底特有的洋底软泥矿藏。**软泥矿藏**是沉积物,由宇宙灰尘颗粒、火山灰、朝海洋刮来的风携带的灰尘、海水上层漂下来的微生物尸体颗粒等组成。大西洋洋底软泥的平均厚度为 600 米,而太平洋的洋底软泥平均厚度为 300 米。

练习题参考答案

1a. 解题思路

　　洋底幽深狭窄的 V 字形峡谷被称做什么?

　　答:地貌 A 是海沟。

洋底耸立的一系列山脉被称做什么？

答：地貌 B 是水下山脉。

水下山脉的中心峡谷被称做什么？

答：地貌 C 是裂谷。

（1）顶部平坦的海山被称做什么？ 平顶海山。

（2）两处地貌的顶部都是平的,但是平顶海山不会高出
　　洋面。

答：地貌 B 是平顶海山。

高出海面的海山被称做什么？

答：地貌 A 是岛屿。

7 绘制洋底地图比研究月球表面更难

如何测量洋底深度

洋底被海水覆盖着,因此对洋底地貌的研究变得困难重重。月球距离地球 38 万千米,海洋的平均深度仅为 4.8 千米,但是绘制洋底地图比研究月球表面还难。绘制洋底地图所用的方法跟绘制陆地地图使用的方法有所不同。

科学家通常利用声呐来勘探洋底从而绘制地图。声波在水中直线传播,遇到洋底或者沉船等阻碍物时会产生反射。声波从发出到返回花费的时间被称做回波时间。声波在水中传播的速度为 1.5 千米/秒。由于声波在水中走了一个来回,因此到洋底的距离可以用声波在水中传播的速度乘以回波时间,得出的结果再除以 2 计算出来。

$$深度 = (声速 \times 回波时间) \div 2$$

思考题

1. 如果从海洋表面到下页图中平顶海山侧面图山顶的回

波时间是 2 秒钟,那么平顶海山山顶在水下多深处？请用深度公式计算出平顶海山山顶在水下的深度是多少千米？

2. 利用上题中平顶海山山顶在水下的深度,标出下表中以千米为单位的测深标尺刻度。

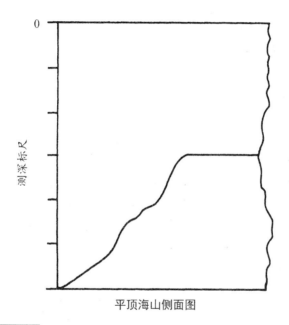

平顶海山侧面图

1. 解题思路

（1）声速以千米计是 1.5 千米/秒。

（2）平顶海山山顶的回波时间是 2 秒钟。

（3）深度是声速乘以回波时间再除以 2。

以千米为单位的深度 =（1.5×2）÷2

答：平顶海山山顶在水下 1.5 千米处。

(1) 平顶海山山顶与测深标尺刻度 0 以下的第三个刻度平齐。

(2) 每个刻度区间是平顶海山山顶水下深度的 1/3,或者说是它的深度除以 3。

$1.5 \div 3 = ?$

答:每个刻度区间是 0.5 千米。

练习题

1. 下图中 A 地点的回波时间为 4 秒钟。请用深度公式计算出 A 的深度。

2. 仔细观察下图,利用 A 的深度推算出 B 地点的深度。
提示:首先推算出图表中测深标尺的刻度,然后利用测深标尺推算出 B 的深度。

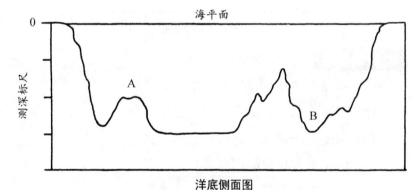

洋底侧面图

小实验 绘制洋底模型侧面图

实验目的

绘制洋底模型侧面图。

你会用到

2把靠背椅子（椅背至少高75厘米），一把剪刀，一把直尺，一卷细绳，一支黑色记号笔，4本以上的书，一把凳子，一只汤锅，一只碗，一只金属螺母垫圈。

实验步骤

❶ 将2把椅子背对背相隔1.2米摆放，椅背顶端代表海岸线。

❷ 剪下大约2米长的细绳。

❸ 将细绳的两端分别绑到两张椅背上，高度保持一致，拉紧后椅背之间的绳长应为1.5米。细绳代表大洋表面，我们称它为洋表绳。

❹ 用记号笔每隔7.5厘米在洋表绳上做一个记号。

❺ 将书籍、凳子、倒置的汤锅和碗放到绳子下方，这些物品和地板代表洋底。

❻ 再剪一截细绳，长度要大于椅子高度30厘米。

❼ 在第二根细绳的一端绑上金属螺母垫圈。

❽ 用记号笔在第二根细绳上每隔2.5厘米做个标记，我们把该绳称为测深标尺。

9 握住测深标尺没绑金属螺母垫圈的另一端,将它放到洋表绳和其中一把椅背连接的地方(该位置是0厘米或0刻度),然后缓慢下探测深标尺,直到金属螺母垫圈碰到物体或地板。

10 利用测深标尺上的标记得出水深,可以四舍五入。

11 在洋表绳上每隔7.5厘米进行一次水深测量,结果记录到例如下图中的数据表中。

数据表

到海岸线的距离	水深
0厘米	75厘米
7.5厘米	75厘米
15厘米	58厘米

⑫ 利用你的数据表制作一个如下图所示的测量结果曲
线图。

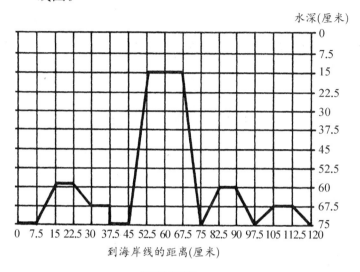

模型侧面图

实验结果

展现洋底模型的锯齿形侧面图绘成了。

实验揭秘

　　要把洋底每个点都测量出来是很难实现的。因此,正如
你在本实验中所做的那样,科学家测量出许多不同地点的水
深,然后将水深数据合在一起就形成了洋底侧面图。

　　测深标尺沿着洋表绳多次下探,如同在距离海岸线不同
距离的地方读取声呐产生的数据。不论用什么方法,测量水
深后绘制出的侧面图,都是锯齿状的,这是因为我们没有在一
条不间断的直线上进行深度测量,而是有间隔地实行。在固

定距离内,测量间隔越小,侧面图就越精确。

研究洋底时除了声呐,也有别的方法。水下实验室可以让科学家近距离研究洋底,然而太空拍摄的卫星相片却提供了绘制洋底地图最为精确的信息,卫星相片上的不同颜色表明海洋的不同深度。

练习题参考答案

1. 解题思路

(1) 地点 A 的回波时间是 4 秒钟。

(2) 深度是声速和回波时间乘积的一半。

以千米计量的深度 = $(1.5 \times 4) \div 2$

答:地点 A 的深度为 3 千米。

2. 解题思路

(1) 地点 A 与测深标尺上零刻度以下的第二个刻度平行。

(2) 每个刻度间的距离是 A 点深度除以 2。

$3 \div 2 = 1.5$(千米)

(3) 地点 B 的深度在第三个刻度的位置,为 3×1.5(千米)。

答:地点 B 的深度为 4.5 千米。

8 洋流有固定的流动方向吗

洋流的产生及流向

地球上覆盖着**空气**（主要由氮气和氧气组成的混合气体），这层空气就是地球的**大气层**。地球上温度最高的大气层在 30°N—30°S 的**热带**（地球上最靠近赤道的地带）上空。**极地**（60°N—90°N 以及 60°S—90°S 这两片区域）上空的大气则最为寒冷。**流体**（气体或液体）遵循的一个基本科学规律是：热的上升，冷的下沉，因而赤道上方的热空气上升，朝极地方向流动、冷却，然后重新下沉到地面。热空气升腾的时候，周围下沉的冷空气会取代原来热空气的位置。这种由于温差导致的空气上下流动称做**对流运动**。如果空气流动大体上朝着水平方向进行，就叫做风。

地球上出现最多的风是**盛行风**。盛行风的风向主要由三个因素决定：对流气流，地球的自转，**气压**（空气对一个区域产生的压力）。气压有两种：**高气压**（某些区域的大气比周围区域的气压高）和**低气压**（某些区域的大气比周围区域的气压低）。下页的图 A 表明在仅有对流气流影响下产生的风向。图 B 是在对流气流和地球自转双重影响下的风向。图 C 是在三个因素——对流气流、地球自转和气压——共同影响下产生的风向。

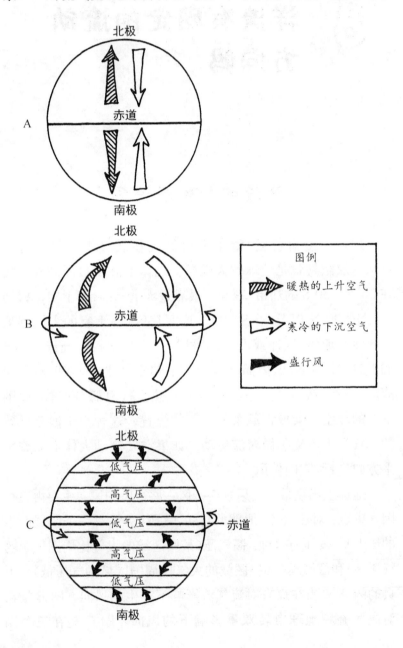

图例

暖热的上升空气

寒冷的下沉空气

盛行风

表层洋流是由风引起的海洋洋流。盛行风对表层洋流的影响最大。表层洋流通常年复一年朝着同一方向流动——暖流从赤道流出,寒流则流向赤道。在盛行风、地球自转和各大洲地理位置这三个因素的影响下,表层洋流形成了近似圆形的运动。这个圆形的运动大体上和水面上方风的运动模式类似:北半球沿顺时针方向运动,南半球沿逆时针方向运动。

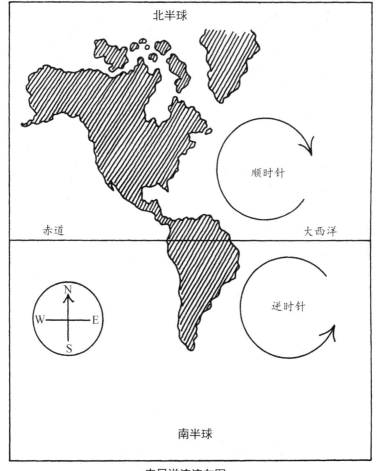

表层洋流流向图

思考题

仔细观察下图,请选出是图 A 还是图 B 表明了下列洋流的表面洋流流向。

1. 北赤道洋流;2. 南赤道洋流。

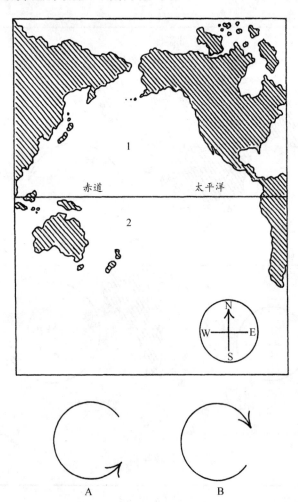

（1）北半球是赤道以上的区域。

（2）在北半球，表面洋流大多以顺时针方向流动。

答：图 B 表明了北赤道洋流的表面洋流流向。

（1）南半球是赤道以下的区域。

（2）在南半球，表面洋流大多以逆时针方向流动。

答：图 A 表明了南赤道洋流的表面洋流流向。

练习题

利用下页的洋流地图回答下列问题：

1. 墨西哥湾流是暖流还是寒流？

2. 南美洲的东、西海岸，哪个海岸应该有暖流？

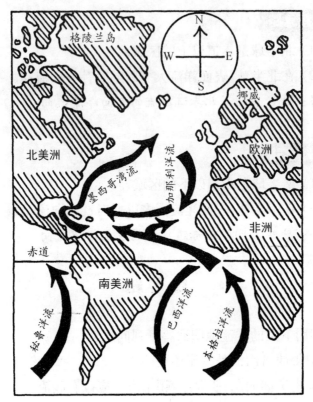

图中标注：

格陵兰岛

N
W   E
S

挪威

欧洲

北美洲

墨西哥湾流

加那利洋流

非洲

赤道

南美洲

巴西洋流

秘鲁洋流

本格拉洋流

洋 流 图

小实验　洋流方向受谁影响

实验目的

研究地球自转如何影响洋流方向。

你会用到

一张打印纸，一把直尺，一支铅笔，一卷透明胶带，一只咖啡罐或者类似大小的罐子，一卷强力胶布，一支钢笔，一名助手。

❶ 将打印纸纵向对折。

❷ 打开打印纸,然后用直尺和铅笔在折痕上画一条直线。

❸ 将纸调转,让画出的直线左右朝向,横线标为赤道。如下图所示右上角写 30°N(北纬),右下角写 30°S(南纬)。

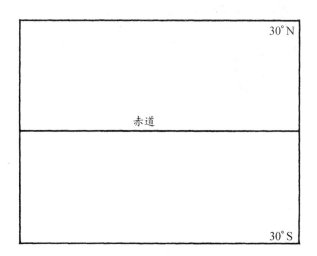

❹ 将纸再次折叠,用透明胶带将纸固定在咖啡罐上,将写 N(北)的一端朝上。

❺ 把咖啡罐靠边放到桌子的一个桌角上。

❻ 按压直尺贴在同一条桌边,使直尺的一端和咖啡罐的罐顶平齐。

❼ 用强力胶布把直尺固定在桌子边上。

❽ 旋转咖啡罐,让纸右边从直尺右侧转出约 2.5 厘米宽。

❾ 手拿钢笔放在纸的顶端靠近直尺右侧。

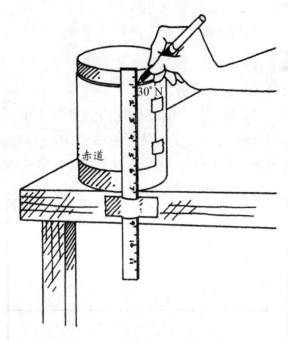

⑩ 你在纸上沿直尺向上画一条直线时,请助手帮忙以逆时针方向迅速旋转咖啡罐 1/4 圈。

⑪ 在直线结束的地方画上箭头。

⑫ 把纸从咖啡罐上取下,翻转过来,再用透明胶固定在咖啡罐上,这次,让标有 S(南)的一端朝下。

⑬ 把咖啡罐重新放到桌上原来的位置,重复步骤 8。

⑭ 手拿钢笔放在纸的下端靠近直尺的右侧。

⑮ 你在纸上沿直尺向上画一条直线时,请助手以逆时针方向迅速旋转咖啡罐 1/4 圈。

⑯ 在直线结束的地方画上箭头。

⑰ 把纸从咖啡罐上取下后打开。

⑱ 观察两个箭头方向的异同。

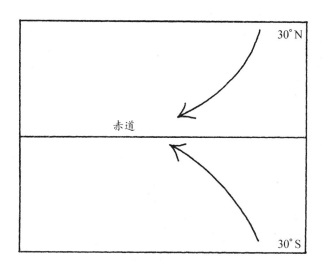

两个箭头都偏向左方,指向赤道。

实验揭秘

盛行风吹动海水,形成了表面洋流。如果没有地球自转,盛行风和它们导致的表面洋流都将只会以正南或正北的方向流动。地球自转导致洋流和风产生**偏移**(偏斜),前者比后者偏移得更厉害。这种由于地球自转而导致的流体方向偏移称为科里奥利效应。在本实验中,旋转咖啡罐代表地球自转。假如咖啡罐当时没有转动,那么你沿着直尺画线应该是直上直下的。

想象你站在科里奥利效应图的赤道线上,如果面向北极站立,你右手边应该是东方,从赤道流向北面的洋流偏移方向跟你右手所处的方向一致,因此向东。如果你站在北极,面向赤道,那么你的右手边是西方,从北极流向南面的洋流偏移方向和你右手所处方向一致,因此向西偏移。你可以利用同样的思维方式练习一下,站在南半球,面向洋流流动的方向,左手方向就是洋流偏移的方向。

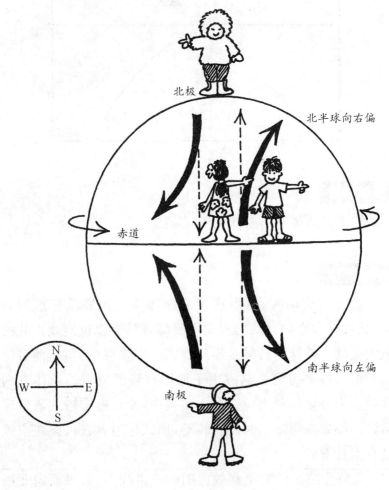

科里奥利效应图

练习题参考答案

1. 解题思路

（1）墨西哥湾流从靠近赤道的地方开始，以大致向北的方向流动，离赤道越来越远。

（2）来自赤道的洋流是暖流。

答：墨西哥湾流是暖流。

2. 解题思路

南美洲西海岸的秘鲁洋流流向赤道，因此比东海岸由赤道流出的巴西洋流更寒冷。

答：南美洲的东海岸应该有一个暖流。

为什么会有起伏的海浪

海浪是怎样形成的

我们当中许多人都有过在海边戏浪的经历,可是为什么会有海浪,你想过吗? **波浪**是重复出现的水面波动,大部分波浪是风吹拂水面引起的。最初是细小的波纹,然后波纹可能越来越大,成为波浪。波纹和波浪都在水面移动,可是,水本

身并不随着波浪移动而移动,而只是上下颠簸。波浪和抖动绳索产生的波纹运动类似。上页图中,随着波纹前移,绳子开始上下抖动,但绳子本身并没有随着波纹向前移动。同理,波浪在水中向前运动,但是并没有带着水一起向前。

波浪在深水区移动时,每个水分子都会上上下下做圆周运动,最后回到和它原来所在位置差不多相同的地方。在浅水区(靠近岸边的地方),水分子不再做圆周运动。**波谷**(波浪最低点)的水分子击打海岸上的陆地,**摩擦力**(让互相接触的两个物体运动减慢的力)使其运动减缓,然而波峰(波浪最高点)处的水分子并没有减慢运动,因此就形成了**浪花**,即波峰涌向前方、跌进波谷的波浪。

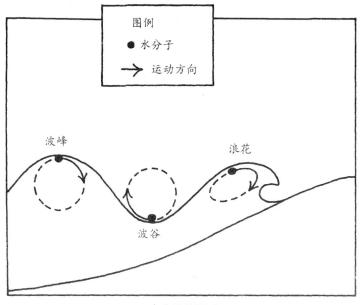

水分子的运动

两个连续波浪的相似位置水平距离或从左至右的距离称为**波长**。换句话说，波长就是从一个波浪波峰到相邻的另外一个波浪波峰，或者一个波浪波谷到相邻的另外一个波浪波谷的距离。通常，海浪的波长由几米到几百米不等。波浪的波峰和波谷间纵向或者从上到下的距离称为**浪高**。浪高取决于刮过海面的风速、水量、风持续的时间，其中任何一个因素增长都会导致浪高的增大。

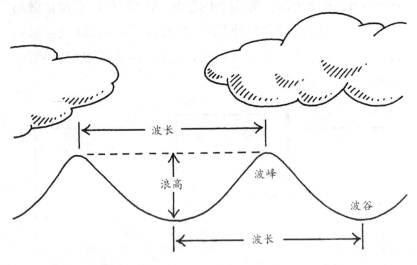

尽管风是大部分海浪的成因，海底例如火山、地震、滑坡等异常变化也会导致具有惊人波长和波速的波浪出现，这就是海啸。在外海，海啸的速度和波长都达到了骇人听闻的程度，波长可达 160 千米，向前涌动的波速可高达 800 千米/小时。在外海时，这些海浪的浪高可能只有 30 厘米，然而，到达岸边时，已经变成 15 米或者更高。由于海啸的波长非常巨大，当第一波破坏性的海浪拍打到海岸时，15 分钟后，下一波海浪才会抵达海岸。

制作波形显示器

你会用到

　　一把剪刀，一把直尺，2 张 7.5 厘米×12.5 厘米的卡纸，一卷透明胶带，一只彩色透明塑料文件夹，一支黑色记号笔。

实验步骤

❶ 在一张卡纸的长边上剪一个 5 厘米×5 厘米的开口。

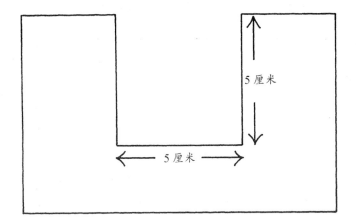

5 厘米

5 厘米

❷ 将剪过的卡纸盖在没有剪过的卡纸上方。

❸ 在较长的两个侧边分别用胶带将 2 张卡纸固定在一起。固定在一起的 2 张卡纸，我们称其为波形显示器。

❹ 从塑料文件夹上剪下一个 7.5 厘米×27.5 厘米的长条。

❺ 将塑料条覆盖在下页的波浪图上，使左上角与图中虚线构成的角重合。

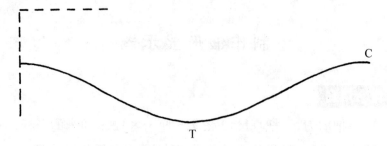

❻ 在塑料条上描出波浪的走向,并在波峰处写 C,波谷处写 T。

❼ 把塑料条左移,直到塑料条上描出的波浪线右侧终点和图上波浪线的左侧起点重合。请确保塑料条的顶端和图中的水平虚线重合,然后重复步骤 6。

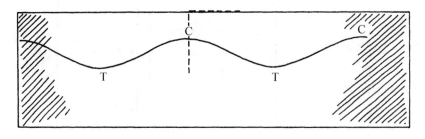

❽ 从塑料文件夹上剪下 5 厘米×10 厘米的长条。

❾ 将塑料条覆盖在下图上,描出圆形以及小圆点和带箭头的线段。

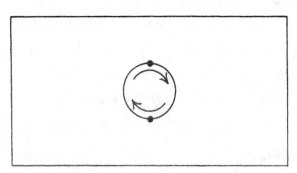

⑩ 把长塑料条右侧较窄的一头插进波形显示器。

⑪ 移动塑料条,让波峰(字母 C 那个点)处于波形显示器开口的中间,左右距离开口边缘相等。

⑫ 将描有圆圈的塑料条覆盖在波形显示器的开口上,让圆圈顶端的小点和波峰中心(波浪上字母 C 下面的部分)重合。

⑬ 用胶带将带圆圈的塑料条固定在波形显示器上。

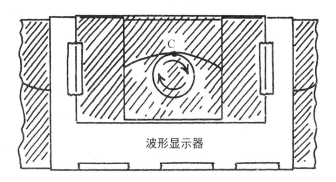

波形显示器

思考题

请根据以下步骤,利用波形显示器判断水分子是如何运动的:

1. 将波形显示器放到桌子上。

2. 右手拿住波形显示器,左手缓慢推动塑料条。

3. 仔细观察圆周上的小点接触波浪处箭头的方向,圆圈上的上下两个小圆点分别代表波峰的水分子(顶端的小圆点)和波谷的水分子(底部的小圆点)。

(1) 波峰来的时候，水分子向前移动，与波浪前进的方向一致。

(2) 波谷来的时候，水分子向后移动。

答：水分子以圆周方式运动，最后回到和原来位置差不多的地方。

练习题

利用波形显示器以及 A 图和 B 图回答下列问题：

1. 分别指出两图中水分子所处波浪位置的名称。

2. A 图中的水分子接下来会向上还是向下运动？

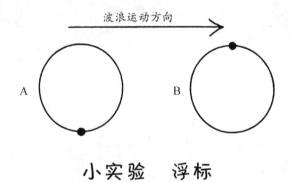

小实验　浮标

研究表层水是否跟随波浪移动。

一只长方形大号玻璃烘烤盘，一把剪刀，一根吸管，一支没削过的铅笔。

❶ 将烘烤盘装 3/4 盘的水。

❷ 将吸管的一端剪下 2.5 厘米。

❸ 把剪下的一小段吸管放到烘烤盘的水中央。

❹ 等大约 30 秒钟让水面恢复平静。

❺ 用铅笔没削过的一端敲打盘内一端的水面。

❻ 观察吸管和水面的动向。

实验结果

　　铅笔碰触水面,激起了波浪,吸管向烤盘另一端移动,然后又往回移动。波浪的这种来回运动可能重复多次。随着波浪在水面来回移动,吸管开始上下颠簸。

波浪是将能量从一个水分子(具有某种物质所有性能的最小粒子)传递到另外一个水分子的过程。波浪的能量向前移动,水开始上下起伏,但在此过程中,水分子只是做轻微的水平运动。在一个完整的波长中,水分子做完整个圆周运动,最后回到差不多开始的位置。因此,漂浮在水面的物体可能会轻微地向水平方向运动,但是在大多数情况下,它们随着波浪在水中推移而上下颠簸。

练习题参考答案

1A. 解题思路

水分子在圆周底部的时候,经过的波浪是哪一部分?

答:图 A 中的水分子在波谷。

1B. 解题思路

水分子在圆周顶端的时候,经过的波浪是哪一部分?

答:图 B 中的水分子在波峰。

2. 解题思路

波谷中的水分子和波浪前进的方向相反。

答:图 A 中的水分子接下来会向上移动。

海浪冲刷的产物

海浪如何改变海岸线面貌

海岸线边上的陆地叫海岸。海岸有不同的种类,有些有海滩,有些没有海滩。海滩在宽度和石材大小上存在区别。有些海滩狭窄,有些海滩宽阔。狭窄的海滩可能宽度不足 1 米,宽阔的海滩可能宽达 90 米。通常人们以为海滩由细沙组成,但实际上有些海滩覆盖的是鹅卵石,甚至岩石。海滩的宽度和石材大小是由海滩存在的时间决定的。一般来说,年轻的海滩比较狭窄,岩石颗粒大;年代久远的海滩则比较宽阔,岩石颗粒小。

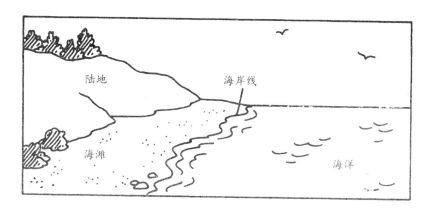

海滩的颜色是由沿岸暴露在外的岩石种类所决定的。例如巴哈马群岛的海滩是由石灰石构成的,所以海滩是白色的。这些石灰石砂砾常被称做"珊瑚砂",尽管它们可能并不是来自海洋里的珊瑚虫沉积物。美国大部分海岸都是砂质海滩,它们是由颜色较浅的花岗岩或砂岩颗粒组成的。夏威夷群岛的一些岛屿拥有黑色海滩,它们是由被称为玄武岩的黑色火山岩**侵蚀**(地球表面物质被缓慢磨损的过程)而成的。

海滩上有些松软物质是由河流带来然后沉积而成的,有些是波浪侵蚀岸边岩石形成的。长时间的流水作用能侵蚀掉大块大块的岩石,加上波浪往往夹带着细小的砂砾和石块,摩擦、敲击着岩石,因此加速了侵蚀过程。这就像在指甲上用指甲锉来回打磨指甲。指甲锉上的粗糙颗粒,就像水流中细小的砂砾和石块,在摩擦过程中磨损了表面。

有些海岸没有海滩,例如陡峭悬崖的多岩石**岬角**(突入海中的尖形陆地)。海浪冲向陆地,由于岬角突出到海中,所以海浪首先拍上岬角,然后汹涌澎湃的波浪势头减缓、变慢,流速变慢的波浪方向产生偏移,冲上陆地。在波浪不断的拍击之下,岩石林立的岬角表面被侵蚀,变成了小块的鹅卵石和沙砾。如果海岸是个陡坡,那么沙子和鹅卵石会被重新冲入海中,如果海岸是个缓坡,这些颗粒便会不断堆积。因此,有沙的海岸与海连接的地方通常是缓坡。

岬角上侵蚀下来的颗粒被波浪冲上岬角,加剧了对岬角的侵蚀,进而形成海蚀崖、海蚀穴、海蚀拱桥和海蚀柱。波浪拍打岬角的时候,大片的岩石还有小的岩石颗粒掉落下来,形成了垂直的岩墙,叫**海蚀崖**。最终,有些海蚀崖上不够坚硬的岩石被海浪冲走,在海蚀崖上形成凹洞,叫**海蚀穴**。海浪对岩石持续侵蚀会冲垮海蚀穴的洞壁,在海岬上形成窟窿,成为像桥一样的石头结构,叫做**海蚀拱桥**。海蚀拱桥高出海面,将海中的岩柱与海崖连接起来。如果海蚀拱桥的拱顶被冲走了,矗立在海中靠近海岸的岩柱就成了**海蚀柱**。

思考题

1. 请辨认下图中的岩石结构是什么?
2. 请将以下岩石结构以它们最有可能形成的先后顺序进行排列。

靠近海岸矗立的岩柱叫什么?

答:A是海蚀柱。

海崖上凹陷的地方叫什么?

答:B是海蚀穴。

高出海面,将海中的石柱和海崖连接,像桥一样的石头结构称为什么?

答:C是海蚀拱桥。

(1)海崖上不够坚硬的岩石被海浪冲走,形成海蚀穴(B)。

(2)海浪冲垮海蚀穴的洞壁形成海蚀拱桥(C)。

(3)海蚀拱的拱顶被海浪冲走后,形成了海蚀柱(A)。

答:这些岩石结构形成的先后顺序最有可能的是:B—C—A。

练习题

1. 观察下图，请找出哪个海滩更有可能较早形成。

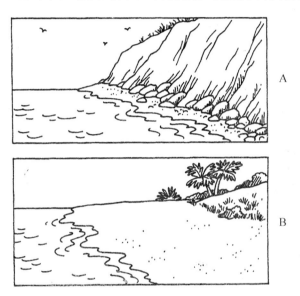

2. 观察下图，海岸哪个部分被侵蚀的速度慢一些，波浪 A 拍击的地方还是波浪 B 拍击的地方？

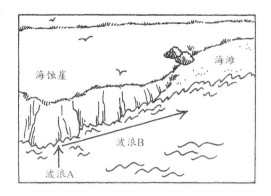

小实验 波浪冲击对岬角有何影响

模拟波浪冲击对岬角的影响。

你会用到

一只方盘,5 杯沙子,2 升自来水,一支铅笔,2 杯小石子。

实验步骤

❶ 在方盘底上铺 4 杯沙子,在盘子浅处建造一个小型沙滩。

❷ 在盘子深的地方倒入水。

❸ 记住盘中沙滩的情况。

❹ 将铅笔横着放进盘子较深的一端,用指尖飞快地反复下按水中的铅笔,使其产生波浪。

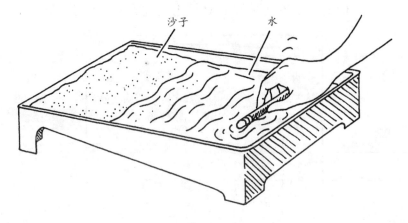

沙子　　水

⑤ 如下图所示,将小石子堆成一堆。

⑥ 把剩下的一杯沙子倒在沙滩上,填补被冲走的沙子的空位。

⑦ 重复步骤 4,用铅笔在水中搅起波浪。

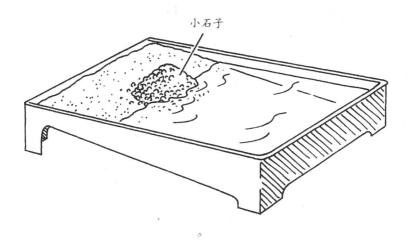

小石子

没有石子的话,沙滩上更多的沙子会被冲走。放入石子后,被冲走的沙子变少了,但有些石子被冲走了。

没有石子的话,波浪拍击在海滩上,将一些沙子带下水。有了石子之后,拍击到海滩上的波浪少了,带走的沙子也少了,同时只有部分波浪会拍击到海滩,其余许多波浪的方向发生了偏移,转向回到盘子较深处。由于盘子很小,掉头的波浪撞到盘壁后会再次涌向海滩。这些发生方向偏移的波浪每次掉头,都会损耗能量,因此即使没有打到石子,拍击到了海滩,也不会带走太多的沙子。

石子堆是岬角的模型,它们突出到海中,和临近的内陆海滩相比,会更快地被波浪侵蚀。这是因为拍击到岬角上的波浪具有更大的能量。波浪移动越快,能量越大,遇到岬角,波浪速度减缓,有一些绕过岬角继续涌向沙滩,而另外一些则迎头扑向岬角,然后朝各个方向产生偏移。

练习题参考答案

1. 解题思路

(1)通常海滩上的颗粒越小,说明海滩存在的时间越长。

(2)砂砾比鹅卵石要小得多。

答:拥有沙滩的图 B 极可能在两者中存在更久。

2. 解题思路

(1)波浪首先迅速有力地冲向比如从陆地伸向海洋的陡峭山崖——岬角。

(2)撞上岬角后,波浪速度减缓,方向产生偏移,涌向海岸。

(3)流动缓慢的波浪比流动迅速的波浪能量小,侵蚀陆地的速度也更缓慢。

答:比起波浪 A,波浪 B 更加缓慢、能量更小,因此波浪 B 冲击的海滩被侵蚀的速度更慢。

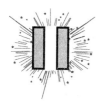

涨潮和落潮是怎么回事

潮汐

潮汐（海洋表面有规律的潮涨、潮落）是**引力**（将物体吸引到比如行星、卫星、恒星等天体中心或天体附近的力）产生的潮波导致的。下图显示了月球对地球产生引力，造成潮汐的原理。请注意地球面对月球的一侧鼓出一大块，这表明月球正对地球表面造成吸引，导致隆起。地球背对月球的一侧也有隆起，原因是离心力比月球的引力更大。两侧的隆起都吸引了没有隆起部分的海水，没有隆起的区域，海平面下降。

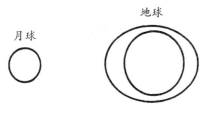

海平面上升叫涨潮，海平面下降叫落潮。每天 24 小时，都有**涨潮和落潮**。在地球 24 小时的自转过程中，如果月球保持不动，那么涨潮、落潮的时间就不会每天都有变化。然而，月球并非一动不动，它会绕着地球运转。地球自转 24 小时，月球也围绕着地球运转,转到比地球开始自转的位置稍稍超过一点的地方,这就产生了 24.5 小时的潮汐循环,所以潮汐发生的时间每天都不相同。

　　太阳对潮汐也有影响,但是由于距离地球遥远,其影响比月球小一些。太阳、月亮和地球处于同一直线时,影响更为明显。在这个位置,涨潮比平常潮位高,落潮也比平常潮位低,此时的潮汐叫做**大潮**。大潮每个月发生两次,分别在下图所示的新月和满月时分。

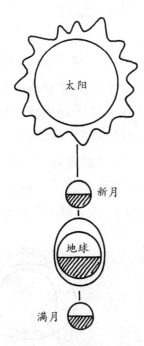

　　太阳和月亮彼此垂直的话,会发生最低潮位。地球引力从不同方向对海水产生拉力,此时,涨潮和落潮的深度没什么区别,这样的潮汐称为**小潮**。小潮也是每月发生两次,在上弦月和下弦月的时候。

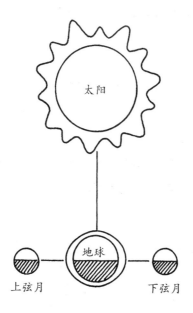

思考题

观察下图,找出下列地点哪里潮位最高,A、B、C还是D?

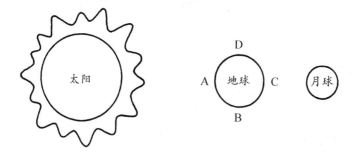

解题思路

(1) 太阳和月球产生的引力作用于地球,产生了潮汐。

（2）太阳、月球和地球呈直线排列时，产生最高潮位。

答：地点 A 和 C 有最高潮位。

练习题

研究下图回答问题：

1. 月亮处于哪个位置时会产生小潮，A、B、C 还是 D？

2. 月亮处于哪个位置时会产生大潮？

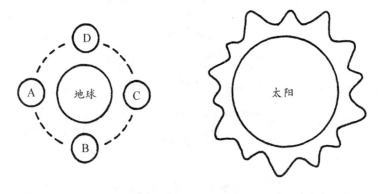

小实验　涨潮原理模型

实验目的

制作涨潮和落潮的模型。

你会用到

一根长 45 厘米的绝缘金属线，一卷强力胶布，一只矮纸板箱，一支铅笔，一把圆规，一张打印纸，一把剪刀，一支记号笔，一根长 20 厘米的细绳，一把直尺，一卷透明胶带，一枚硬币。

❶ 将金属线弯成一个圈,接头处用强力胶布固定。

❷ 将纸板箱倒置。

❸ 将铅笔削过的一端朝下,贴着纸板箱一侧从箱底插入,如下图所示铅笔要直立。

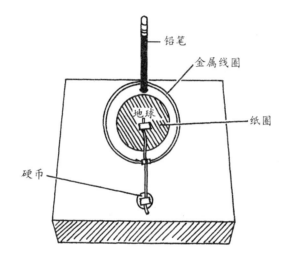

铅笔

金属线圈

地球

纸圈

硬币

❹ 将金属线圈套过铅笔,放在纸板箱上,让金属线圈贴着铅笔的一侧。

❺ 用圆规在纸上画一个直径为 10 厘米的圆圈。

❻ 把圆圈剪下,在中央写上"地球"二字。

❼ 在正对铅笔的位置,把细绳绑在金属线圈上,打结,让两端剩下的细绳长度相等。

❽ 剪细绳两端,测量后保证留在金属线圈上的细绳长度为 7.5 厘米。

❾ 将细绳的一端用胶带固定在纸圈的中心。

⑩ 将细绳的另外一端固定在硬币上。

⑪ 把纸圈放到金属线圈中央，使固定在纸圈上的细绳保持松弛。

⑫ 缓慢地将硬币朝远离铅笔的方向拉扯，直到固定在纸圈上的细绳拉紧。

⑬ 观察纸圈外围金属线圈的形状。

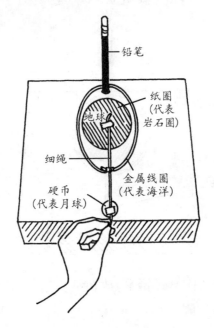

实验结果

金属线圈被拉成了椭圆形，有一端朝着硬币凸起。

实验揭秘

实验中制作的模型包括地球的岩石圈，由纸圈代表；岩石圈上覆盖着海洋，由金属线圈代表；还有月球，由硬币代表。

细绳代表月球的引力,拉扯硬币演示了月球对海洋表面和地球岩石圈产生引力,导致地球面对月球和背对月球(硬币)的一面海水上涨,产生涨潮和落潮。尽管模型表现了月球引力作用下海洋表面的形状变化,但却夸大了地球岩石圈(纸圈)的运动。该模型似乎还表明地球岩石圈上全部被海水覆盖,但事实并非如此。

练习题参考答案

1. 解题思路

(1)小潮是最低潮位。

(2)当太阳和月亮彼此垂直时,出现最低潮位。

答:月亮在 B 和 D 的位置时,产生小潮。

2. 解题思路

(1)大潮是最高潮位。

(2)当太阳、月亮和地球呈直线排列时,出现最高潮位。

答:月亮在 A 和 C 的位置时,产生大潮。

海水温度因时因地而异

海洋不同区域的水温对比

海水温度随着地域和季节的不同而不同。不同区域的海水表面温度可能相差极大，但在深海，温差却很小。海水表面温度通常在0～30℃，但有比这温暖也有比这寒冷的海域。温暖的海域大多处于低纬度，寒冷的海域则多在高纬度，因为在赤道，太阳高，度角大，几乎是直射；而在两极，太阳高，度角小，太阳辐射小。

在两极，海水温度可能低到结冰，淡水的**冰点**（液体变成固体的温度）是0℃。因为海水含有溶解的盐，所以要在更低温度下才会结冰。海水的冰点大约为−1.9℃。在北冰洋，大部分海面常年处于冰封状态。

海洋，尤其在海水较深的地方，一般有3个温度层。最上层为混合层，随着水深的增加，温度变化很小。混合层的下面是温跃层，这里随着水深的增加，温度急剧下降。温跃层的下面是深水层。在最下面的深水层，几乎没有阳光到达，因此比上面两层寒冷。在深水层，随着水深增大，温度几乎没有变化。

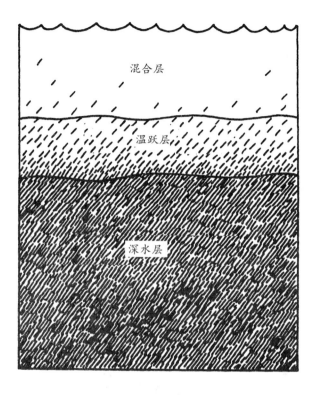

混合层

温跃层

深水层

思考题

1. 观察下页的海水温度表，回答问题。

    a. 海洋表面温度是多少？

    b. 在 22 米深处，预计海水温度是多少？

海水温度

水深（米）	温度（℃）
0	25
2	24
4	23
6	21
8	20
10	15
12	8
14	4
16	4
18	4
20	4

2. 利用下图,判断哪艘船航行在较温暖的水域。

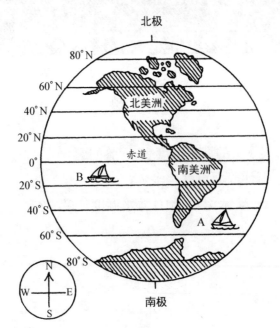

1a。解题思路

（1）海洋表面的水深为 0 米。

（2）0 米对应的温度显示是多少？

答：海洋表面温度为 25℃。

1b。解题思路

（1）深海的温度变化不大。

（2）水深 14～20 米之间没有温度变化，海水的温度均为 4℃。

答：22 米处的温度可能为 4℃。

2。解题思路

（1）赤道上海水最温暖。

（2）哪艘船距离赤道更近？

答：B 船离赤道更近，航行在较温暖的水域。

练习题

观察下页的表格，回答问题。

1. 温跃层的水深区间是多少？

2. 水下 12～21 米的水温变化是多少？

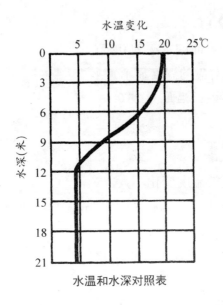

水温变化

水深(米)

水温和水深对照表

小实验　洋流会受海水温度的影响吗

实验目的

演示温度对洋流的影响。

你会用到

2只容量为2升的汽水瓶,一把剪刀,一卷遮盖胶带,一支记号笔,一只带漏水嘴、容量为2升的刻度碗,一些冰块,一张较硬的纸,一台打孔器,一些温水,一瓶蓝色食用色素,一只容量为2升的汽水瓶瓶盖,一些纸巾,一卷强力胶布,一把调羹,一名成年人助手。

❶ 请成年人助手按照下列步骤处理瓶子：

  ● 如果瓶子上还留有用来与盖子相连的塑料圈，请去除。

  ● 把一只瓶子剪成两截，留下上半部分，丢弃和底部相连的部分。

  注意：丢弃的塑料请回收。

❷ 用遮护胶带在完好的瓶子上和剪下的瓶子的上半部分贴上标签，前者上面写 A，后者写 B。

❸ 碗里放入 1/4 碗冰，然后注入凉自来水到碗的一半，静置 5 分钟。

❹ 从硬纸上剪下汽水瓶口大小的一个圆形纸片。

❺ 用打孔器在圆纸片上打出 2 个洞。

❻ 将 A 瓶注满温水。

❼ 往水中加入食用色素，制成蓝色液体。将瓶子盖上盖后，来回旋转，让色素在水中溶解、均匀分布。

❽ 扭下瓶盖，用纸巾擦干瓶嘴。

❾ 将圆纸片盖到 A 瓶的瓶口上，然后将 B 瓶的瓶口倒置，放到圆纸片上。

⑩ 用强力胶布把 2 只瓶子的瓶口固定在一起。

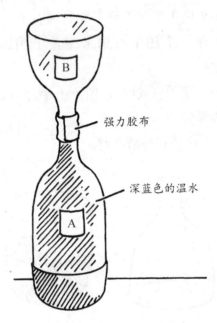

强力胶布

深蓝色的温水

B

A

⑪ 用调羹把碗里没有融化的冰块取走，再把碗里的冷水
   倒入 B 瓶。
⑫ 观察蓝色水如何流动。

实验结果

　　A 瓶中有一股蓝色的温水上升，流进 B 瓶寒冷的清水里。
可能你见不到从 B 瓶向下流入 A 瓶的一股清水，但是不久，随
着清水混入蓝水，A 瓶最上部的水的颜色就会变浅。

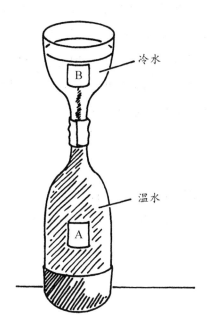

冷水

温水

B

A

实验揭秘

　　冷水的水分子会收缩变小,温水的水分子会膨胀变大。因此,在体积相等的情况下,冷水比温水含有的水分子多,导致冷水比温水重。这就是较轻的温水上升,较重的冷水下沉的原因。温差引起上下流动的水流称为对流水流。由于对流水流,海洋表层的冷、热海水会混合均匀,所以水温随着水深的变化很小。

练习题参考答案

1. 解题思路

　　(1)温跃层是温度变化最为剧烈的区域。

（2）垂直的线表示随着海水深度加大，水温并没有变化。

（3）弯曲的线表明水深和水温都存在变化。弯曲的角度越大，表明水深变化小了，但是水温变化却大了。

（4）测深标尺上哪两个刻度之间的曲线弯曲角度最大？

答：图中的温跃层在水深 3～12 米。

2. 解题思路

图表在 12～21 米是一条垂直的直线。

答：在水深 12～21 米处，水温没有变化。

水压对潜水员有何影响

导致水压的因素

压力是施加在某个区域上的力。由于水有重量,因此会产生压力。水压的大小取决于以下两个因素:

一是水深或者水高。随着水深增加,水压会增大。换句话说,在 6 米深的水下,水压是 3 米深的地方的 2 倍。9 米深的水下水压是 3 米深的地方的 3 倍,以此类推。然而,水量并不会影响水压。如果所含盐分相同的话,海水鱼缸水面以下 30 厘米处的水压和海平面下方 30 厘米处的水压应该相同。

二是水的密度。**密度**是物体的**质量**(物体所含物质的多少)与体积之比。水的密度越大,产生的压力也越大。海水溶解了更多的盐分,所以密度大于湖水、河水和溪水。潜水员在湖水 6 米以下,承受 6 米的水压。但同样一名潜水员,处于海洋的同样深度,就得承受更大的水压。这是因为相同高度的水柱,海水略重于湖水。

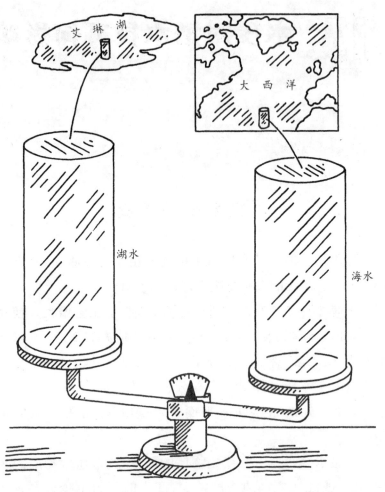

艾 琳 湖

大 西 洋

湖水

海水

　　由于水压随着水深的增加而增大，所以潜水员在下沉过程中会感到身体的变化。到水下大约 3 米，潜水员的耳朵就会发胀，和在飞机、电梯或者其他任何体外产生气压变化的地方你的耳朵感觉到的一样。继续下沉，潜水员的眼睛也会承受压力，会发生视力障碍。戴上专门的潜水镜护住眼睛就能解决这个问题。

再往下,高水压会使氮气——潜水员呼吸的空气中的成分之一——溶解到人的血液和体液当中。如果潜水员上浮到水面过快,水压下降会导致身体急剧疼痛,并导致肺部、大脑和心脏中的血管产生堵塞。由于身体组织会膨大,手肘和其他关节会产生疼痛,这种状况通常被称为"减压病"。为了预防减压病,潜水员上升或返回水面都必须非常缓慢,这样,随着水压逐渐减小,氮气就可以渐渐从人的体液中释放出来。

思考题

下图中水族箱外的压力计显示了水面、水箱中部和箱底的水压。观察下图,回答下列问题:

1. 哪里的水压最高?

2. 请画一个压力计,显示水下 1 米处的水压。

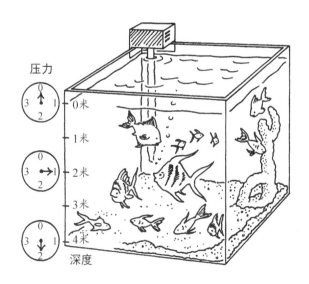

压力计表明多深的地方压力最大？

答：水族箱箱底即 4 米深的地方压力最大。

（1）水深每增加 1 米，水压升高的幅度相同。

（2）2 米深的地方，是一个压力。

（3）1 米深的地方，压力应该是 2 米深处的一半。

答：水下 1 米深的压力计显示为：

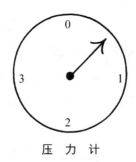

压 力 计

练习题

观察下页的图片，回答下列问题：

1. 哪位潜水员身体承受的水压最小？

2. 假如 B 潜水员在水下 3 米处身体承受 2 个水压，那么 D 潜水员在水下 6 米处承受的水压是多少？

3. 由于水压的变化，哪位潜水员的耳朵会感到胀痛？

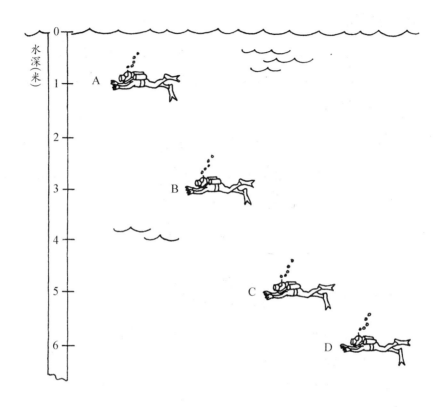

小实验　喷射器

实验目的

比较不同深度的水压变化。

你会用到

一支铅笔，一只一次性纸杯，一卷遮盖胶带，一只有柄水罐，一些自来水，一名成年人助手。

❶ 请成年人助手用铅笔在纸杯顶部、中部、底部分别戳出3个直径相同的洞,让3个洞以略微倾斜的角度呈直线排列。

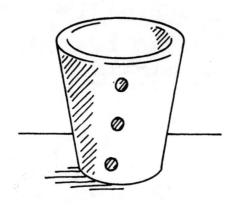

❷ 在纸杯外壁的3个洞上贴一条遮盖胶带。

❸ 把纸杯放在水槽边。

❹ 将水罐和纸杯装满水。

❺ 撕下遮盖胶带,请助手将水罐里的水注入杯中,让纸杯始终处于盛满水的状态。

❻ 观察每个洞口水流的喷射距离。

实验结果

从纸杯顶部到底部的洞口,水流的喷射距离依次增大。

实验揭秘

水的重量会向下产生压力,所以水压会随着水深的增加而增大。水压越大,水流喷射越远,底部洞口的水流喷射最远。

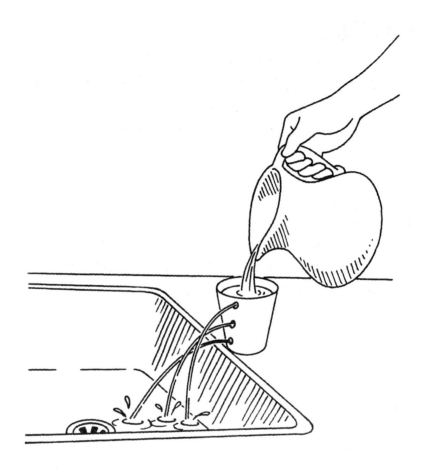

练习题参考答案

1. 解题思路

（1）水压会随着水深的增加而增大。

（2）哪位潜水员所处的位置最浅？

答：A潜水员身体承受的水压最小。

（1）随着水深的增加，水压升高的幅度相同。

（2）D 潜水员是 B 潜水员所在深度的 2 倍，因此承受的水压也是 B 的 2 倍。

答：假如 B 潜水员承受 2 个水压，则 D 潜水员承受 4 个水压。

（1）潜水员在水下约 3 米处会感到耳朵胀痛。

（2）哪位潜水员在水下 3 米或者 3 米附近呢？

答：B 潜水员的耳朵会感到胀痛。

 海水为什么是咸的

盐　度

因为溶解了盐分，所以海水是咸的。1汤匙（15毫升）盐混合到1升水中，含有和海水大致等量的盐分。氯化钠是食盐的化学名称。食盐是海水中含量最多的盐。实际上，海水含有7种常见盐。下面的饼形图显示了这些盐的名称和在所有海水水样中的含量。特定盐在海水中的含量大致相同。也就

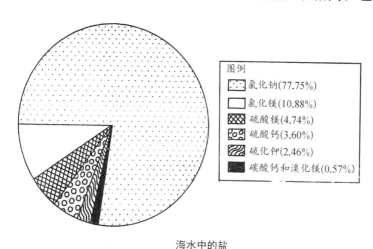

图例

氯化钠(77.75%)

氯化镁(10.88%)

硫酸镁(4.74%)

硫酸钙(3.60%)

硫化钾(2.46%)

碳酸钙和溴化镁(0.57%)

海水中的盐

是说,不论一份海水样本溶解了多少盐,大约 77.75% 的盐是氯化钠,其他种类的盐所占的比例也大致保持不变。

盐度是液体中溶解盐量多少的衡量。海水的平均盐度是 35‰,意思是每 1 000 个单位海水里有 35 个单位的盐。计量盐度最常用的单位是克。大部分海水样本的盐度为 35‰,但是不同区域盐度的确存在差异。海水盐度范围一般在 32‰～38‰。

蒸发(热量上升导致液体变成气体的过程)量大的地方,海水盐度上升。这种情况发生在气候干旱的地区,例如地中海,那里的盐度大约为 38‰。在河水的入海口,海水盐度会下降到 32‰～35‰之间。这是由于河水盐度低,冲淡了海水。另外盐度低的地方,还有寒冷结冰的海域,例如北冰洋。一般来说,融化的冰水和低蒸发量将结冰海域的盐度保持在比温暖海域低的水平上。

陆地上的水并非静止不动,而是朝着海洋不断奔流,水流淌过陆地,将陆地上的盐分冲走,带入海洋。河水带来的盐,一部分沉到海底,一部分被海水溶解。海洋动物利用硫酸钙和碳酸钙这两种盐形成自己的外壳和骨骼。从不同地域汇聚到大海的河水带来了不同的盐分,海水流动使其充分混合,因而海水样本不论取样来自极地还是赤道,大都含有类似的物质。

尽管海洋似乎就是海水的最终归宿,但是随着河水不断注入海洋,海平面并没有持续上升。这是因为一部分海水通过蒸发离开了海洋,蒸发失去的水分最终会通过**冷凝作用**(由于热能消失,气体变成液体的过程)重新回归。经过冷凝,通过**降水**(例如下雨、冰雹、冻雨、降雪等),蒸发的水分落回到地面。降水汇集成流经陆地的大小河流,最终将更多的淡水带入海洋。只要通过蒸发失去的水分和通过降水得到的水分相等,海平面就会保持平稳,既不会上升,也不会下降。

思考题

1. 下图表明了不同地点的海水采样。样品 A 和样品 B,哪一个的盐度更低一些?

2. 一份 1 000 克海水水样的盐度为 33 ‰。如果这份海水全部蒸发,会剩下多少盐?

(1) 河水或者溪流入海的地方,海水盐度较低。

(2) A 地点更接近河水入海的地方。

答: 样品 A 的盐度应该较低。

海水样本的计量单位是克,所以海水中盐的计量单位也应该是克。因此,33‰意味着 1 000 克海水中溶解了 33 克盐。

答: 假如这份海水全部蒸发掉,那么将剩下 33 克盐。

练习题

1. 观察下页的地图,分别从地点 A、B、C 取水样,哪一处的水样盐度最高?

2. 每 1 000 千克的海水含有 36 千克盐的海水样本,盐度是多少?

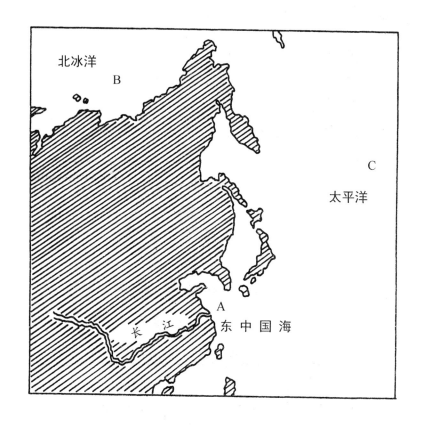

北冰洋

B

C

太平洋

A

长 江

东 中 国 海

小实验 晒盐

实验目的

利用太阳从海水中提取盐。

你会用到

一个加热食物的烤板,2 张黑纸,2 汤匙(30 毫升)食盐,一杯(250 毫升)自来水,一把调羹。

❶ 将 2 张黑纸盖住烤板底部。

❷ 往自来水杯里加入盐,摇匀,直到大部分盐溶解,但会有一些盐不会溶解。

❸ 将盐水倒在黑纸上,尽量别把没有溶解的盐倒上,让它们留在杯里。

❹ 将烤板静置在阳光能照射到的地方,比如放在窗前。如果天气晴好,也可以是户外。

❺ 每天观察黑纸,直到它完全变干。

黑纸上形成了一层薄薄的白色结晶。几天后会出现一些小小的白色立方体结晶。

太阳加热了盐水,水分蒸发后,纸上会留下晒干的盐。这个实验和一些制盐公司利用蒸发来进行海水晒盐的方法类似。**盐田**是通过以上办法生产盐的地方。在海边挖掘一口浅池,让海水流进来,就能做一个简单的盐田。等海水流满后,将入口堵死,让太阳蒸发掉海水中的水分,剩下的就是盐的结晶。这种制盐法称为**晒制法**,得到的盐叫**晒制盐**。包括中国在内的许多国家仍然在生产大量的晒制盐。

练习题参考答案

1. 解题思路

（1）来自长江的淡水降低了东中国海的盐度。

A地点。

（2）融化的冰块和较低的蒸发量降低了北冰洋被冰雪覆盖的海水的盐度。

B地点。

答：C地点位于太平洋中间，应该是这3个地点中盐度最高的。

2. 解题思路

（1）盐度衡量的是海水中溶解的盐分多少。单位是1 000份海水中盐与海水的比值。

（2）样本中每1 000千克海水含有36千克盐。

答：样本的盐度是36‰。

15 海洋污染怎么办

海洋污染

从古至今，人们一直往海洋中倾倒垃圾和其他废物。过去，人口较少，广阔的海洋还能承受少量的**污染物**（摧毁空气、水体或陆地纯净的物质）。人口少的时候，对海洋的污染较少，排放物质的毒性也较小，产生的危害是可逆转的。这意味着海水经过一段时间就会恢复到被污染前的状态。

如今，由于人口增加，往海洋里倾倒的污染物数量比地球上有史以来任何时候都多。人口增长了，海洋里污染物数量就一直在增长。每个人产生的垃圾量在不同国家有所不同。在美国，每人每天产生的垃圾量约为 2 300 克。这其中的一些垃圾，最终会被倒入海洋，从而可能对海洋造成不可逆转的破坏。

垃圾对海洋的污染是显而易见的。轮船频繁地将船上产生的垃圾倒入海洋，有些城市也会将垃圾运往海洋倾倒。例如塑料这样的垃圾不能进行**生物降解**（通过生物尤其是细菌作用分解成无害物质）。垃圾除了被冲上海滩，把海滩搞得一片狼藉外，现代垃圾还可能对海洋生物造成危险。大部分进

入海洋的污染物都是**未经处理的废水**（来自排水沟、厕所和污水管未经处理的液体废物）、有毒金属、核废料、化肥、杀虫剂、石油和其他冲入海洋的化学品。未经处理的废水可能含有致病菌。有毒金属（例如水银、铅和锡等）来源于工厂和矿山废物，这些金属常常被鱼摄入，然后进入吃鱼的人和其他动物的体内。

虽然已经有法律禁止城市和工厂向海洋排污，可我们能做些什么呢？个人能在保护海洋上起到举足轻重的作用吗？当然了！如果每个人都能捡拾一些海滩上的垃圾，使其得到正确回收或再利用，并尽可能回收一切物品——塑料容器、铝罐、玻璃、纸——海洋的污染就会减少。请你留心、找出办法，减少你每天产生垃圾的数量,尤其是塑料制品的数量。

思考题

下面的饼形图表明了从船上倒入海洋的一桶垃圾所含物品的百分比。观察下图,回答下列问题:

1. 在被扔掉的物品中,哪种材料最多?

2. 在被扔掉的物品中,哪种材料最少?

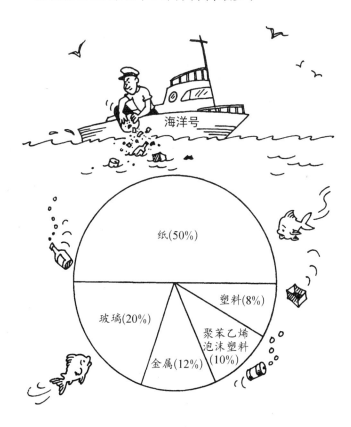

最多的物品是百分比最高的材料制成的。

答：扔得最多的是纸制品。

最少的物品是百分比最低的材料制成的。

答：扔得最少的是塑料制品。

练习题

　　下面的饼形图是一次海岸清理活动中在海滩上捡到物品的百分比。观察下图,回答下列问题:

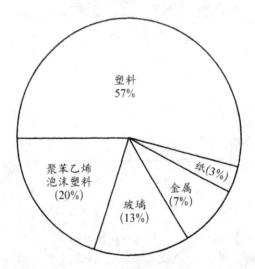

1. 在捡到的物品中,什么材料数量最大?

2. 在捡到的物品中,什么材料数量最小?

小实验　地表径流

模拟污染物从陆地流向海洋的过程。

一只长方形浅底烘盘,一块烘饼或加热食物的烤板,一些土壤,一把松土用的小铲子,一瓶红色食用色素,一些自来水,一只容量为 2 升的有柄水罐。

❶ 将烘盘放到地上。

❷ 将烤板的一端搭到烘盘较长的一条边上。把土壤堆成堆,把烤板的另一端垫起,让烤板这端高出烤盘边缘大约 10 厘米。

❸ 将烤板表面覆盖上土壤。

❹ 在征得允许的情况下,用小铲子挖出 5～6 株小草,放到泥土覆盖的烤板上。

注意:实验结束后,挖出的草可以重新种回原地。

❺ 挤 5～6 滴食用色素,滴到每株小草的根部附近。

❻ 将烘盘装上半盘水。

❼ 将水罐装满水。

❽ 拿着水罐在烘板垫高的一端,缓慢地倒水,让水流过烘板上的土壤。

⑨ 观察流入烘盘的水的颜色。

覆盖了土壤和小草的烘板

烘盘

土堆

实验结果

水罐中的水和一些土壤颗粒以及红色食用色素被冲到了烘盘里。

污染源,例如垃圾和油污,清楚可见,众所周知。对海岸周边极具破坏的污染源是**地表径流**(经过陆地,注入水体的那部分水)。雨水流过农田、公路、城市街道、草坪、矿区或者陆地上任何被污染的地方,地表径流便遭受了污染。化肥、杀虫剂、盐、石油和各种化学品都会溶解或漂浮在流水表面,被带到最后的垃圾倾倒场——海洋。

在本实验中,红色食用色素代表化肥。水罐流出的水将部分土壤和化肥冲到盛水的烘盘(代表海洋)中。化肥产生污染是因为化肥提供了过多的**营养**(生物存活、生长所需的物质),致使**海藻**(含有叶绿素并为自己制造食物的植物样生物)和其他植物疯狂生长。这种现象叫赤潮(也叫红潮)。海藻和植物生长过后最终死亡。细菌在食用死亡海藻和植物的过程中,会大量消耗水中的氧气,导致水中鱼类和其他动物因缺氧窒息而死。

练习题参考答案

1. 解题思路

最多的物品是百分比最高的材料制成的。

答:*海滩上捡到最多的物品是塑料制品。*

2. 解题思路

最少的物品是百分比最低的材料制成的。

答:*海滩上捡到最少的物品是纸制品。*

# 海洋污染危及海洋生物

海洋污染对海洋动物的影响

自从地球上有了生命,由于自然进程,海洋植物和动物中的许多**物种**(某些方面类似的植物或动物群体)都灭绝了。然而,污染导致或加速了灭绝过程。**濒危物种**是处于灭绝边缘的物种。许多海洋动物,例如僧海豹、蓝鲸都是濒危动物。

人类一直把海洋当成一个巨大的垃圾桶。我们扔掉的一些垃圾会伤害甚至杀死海洋动物。海豚和其他动物可能会被丢弃的渔网缠住而淹死。塑料袋和气球可能会被海龟当成海蜇误食,堵塞海龟的消化道,杀死海龟。人们丢弃的用来把半打罐装饮料套在一起的塑料环可能会套在动物身上,如果卡住脖子或嘴巴,动物就可能窒息而亡或者饿死。

海里的油污是危及海洋动物的另一个污染问题。油污致使一些动物的皮毛和羽毛粘在一起,影响了活动。粘成一团的皮毛或羽毛还会把这些动物身体周围一层温暖的空气挤压流失,妨碍它们保暖。油污还可能对海洋动物造成窒息和毒害,而且造成的伤害不仅仅局限于向海洋排放油污的地方。由于油污浮在水面,洋流能将其长距离携带从而伤害到别处

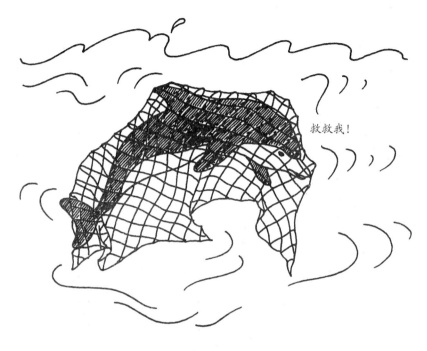

救救我!

的海洋生物。

生物富积是动物在体内逐渐吸收、储存化学物质的过程。很多海洋动物和人都因为食用了吃过有毒化学品的鱼类而死亡。打个比方,一条小鱼摄取了工厂排放到水中的微量化学污染物,大鱼靠吃许多小鱼为生,因此体内储存了更多的污染物。大鱼再被更大的鱼或海豚、海豹、人类吃掉。假如污染程度足够高,无论谁吃了这条鱼都会生病或者死亡。

　　污染物不是危及海洋动物生命的唯一原因。**过度捕捞**（对一个物种的捕杀数量多于该物种的繁殖数量）是主要问题。有些鱼、海龟、鲸和其他动物被人类大量捕杀，致使它们自身的繁殖速度远远跟不上被捕杀的数量。

思考题

　　观察下页南美洲和非洲之间的南赤道洋流流向图。在点A还是点B，原油泄漏会对南美洲的海岸线产生更大的破坏？

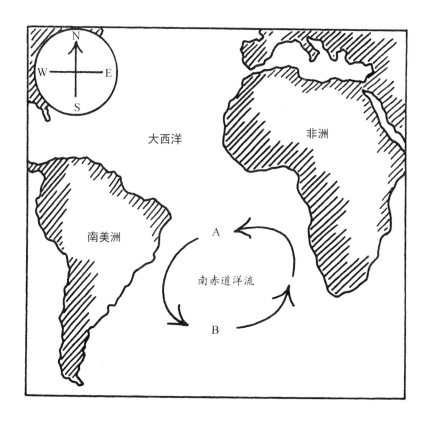

解题思路

（1）油污漂在水面，顺着洋流方向运动。

（2）A点流出的洋流流向哪个大洲？

　　南美洲。

（3）B点流出的洋流流向哪个大洲？

　　非洲。

答：A点的原油泄漏会对南美洲的海岸线产生更大的破坏。

练习题

1. 观察下图中美国西海岸的加利福尼亚洋流方向。海豹在哪个点不会受到 B 点原油泄漏的影响?

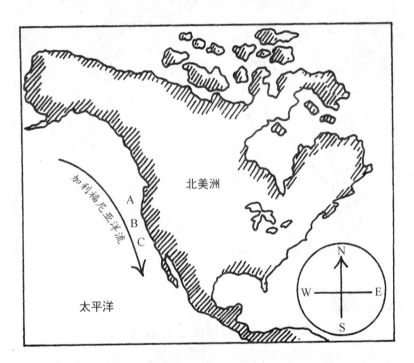

2. 罐子上画的头颅骨和交叉骨头表明罐内物品有毒。观察下页的图,看看往水中倾倒有毒化学品会导致哪条鱼的体内毒素最多?

图例

A鱼

B鱼

C鱼

小实验　被油污包裹的鸟

实验目的

演示原油泄漏对鸟类产生的影响。

2 只小碗，3 大汤匙(45 毫升)食用油，2 根 5～7.5 厘米长的羽毛(可在工艺品商店购买到)。

注意：不要到户外捡拾地上的鸟类羽毛，它们可能携带病毒。

实验步骤

❶ 将 2 只碗均注满 3/4 碗的水。

❷ 将食用油倒入一只碗中。

❸ 轻轻将一根羽毛放到没有食用油的那只碗的水面上。

水

❹ 把羽毛从碗中拿起，朝羽毛吹气。

❺ 轻轻地将第二根羽毛放到第二只碗的油层表面。

油层

❻ 把羽毛从第二只碗中拿起,朝羽毛吹气。

实验结果

从水中取出的羽毛显得干燥、轻盈,一口气就能吹动。而从油中拿起的羽毛湿嗒嗒、有沉重感,一口气吹下去,几乎不动。

实验揭秘

水不容易沾上鸟毛,但是油污却很容易。沾满油污的羽毛十分沉重,羽毛纤维会粘在一起。本实验演示了原油泄漏后油污如何将鸟类羽毛粘在一起,致使鸟类身体过分沉重,失去了飞翔能力。这一旦发生,鸟儿很容易就成了**捕食者**(为获取食物猎杀其他动物的动物)的盘中餐。

练习题参考答案

1. 解题思路

(1) 油污浮在水面会随着洋流流动。

(2) 洋流正携带着油污流向哪个点?

远离了 A 点,流向 B 点和 C 点。

答:海豹在 A 点是安全的,不会受到 B 点原油泄漏的影响。

2. 解题思路

(1) A 鱼很小,直接从水中摄取微量毒素,然后这些毒素储藏在体内。

(2) B 鱼个头中等,吃掉 2 条 A 鱼。所以 B 鱼比 A 鱼体内储藏的毒素多。

(3) C 鱼更大,吃了 2 条 B 鱼,这意味着 C 鱼体内比 B 鱼储藏的毒素还多。

答:C 鱼的体内毒素最多。

17 海洋如何影响地球的天气

海洋对天气的影响

天气是特定时间、特定地点的大气状态。海洋天气有自己的特性。海水会蒸发，因此海风比干燥陆地上刮过的风更加湿润。湿润的海风通常会使沿海地区比内地湿润。雾和以阵雨形式落下的降水在沿海都很常见。被风带到陆地上的水会通过地表径流最终流回海洋。这种从海洋到陆地，然后又

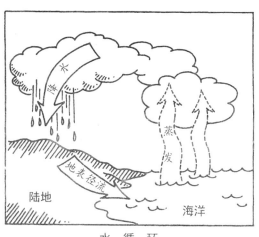

陆地　　　　　　　　海洋

水　循　环

从陆地回到海洋持续不断的水分运动叫做**水循环**。

水的升温和降温都很缓慢,一旦海水被太阳晒热,就会比较持久地保持热量。这意味着在晚上没有太阳照射的时候,海水温度下降幅度很小。海水这种良好的热量保持能力产生的总体效果就是沿海地区的天气不像内陆那样捉摸不定,而且冬暖夏凉。

沿海的另外一个特点是多风。这是因为陆地和海水吸收太阳热量和散失热量的机制不同。海水升温、降温较慢,陆地则较快。因此,在白天,沿岸的陆地比临近的海水升温快,温暖的空气比寒冷的空气轻,会上升,然后海面凉爽的空气流向陆地,取代上升的温暖空气的位置。这种从海洋向陆地的空气流动叫做**海风**。夜里,陆地比海水降温快,海面温暖的空气上升,陆地凉爽的空气流向海面。这种从陆地到海洋的空气流动称为**陆风**。

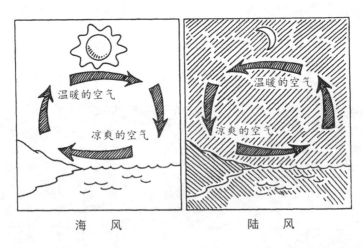

海 风   陆 风

季风(由陆地和海洋温差引起的风向随季节有规律改变的风)是较大规模的海风和陆风。季风不仅出现在沿海,而且会刮向内陆。最强的季风出现在南亚。夏天,陆地变热,空气上升,印度洋凉爽、湿润的空气流入,取代上升空气的位置。这些风带来了云团和大雨。冬天刮反向季风,因为风从陆地吹向海洋,因此陆地上的天气会变得晴朗干燥。

气旋是旋转的强风。在北半球,气旋朝逆时针方向旋转,南半球则沿顺时针方向旋转。热带温暖水域上方形成的大气涡旋称为**热带气旋**。

风速达到或超过 118 千米/小时的热带气旋叫**飓风**。飓风在西北太平洋称为**台风**。世界上平均超过一半的热带气旋在太平洋上形成,24% 在印度洋,约 12% 在大西洋。

赤道的海洋,天气通常平静无风,空气看似静止不动的地带被称为**赤道无风带**(赤道附近的无风区域)。从前,因为帆船要靠风力推进才能向前行驶,所以每个海员都对穿越赤道无风带充满恐惧。没有了风,船就可能长时间被困。

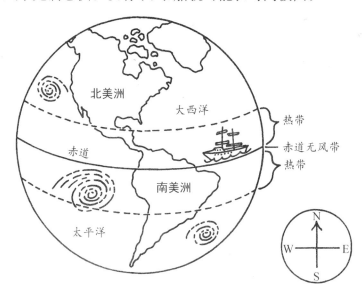

思考题

仔细观察下面两幅图，找出哪张图刮的是海风。

（1）白天刮海风，风向都是从海洋刮向陆地。

（2）哪张图的旗帜和树叶朝着陆地方向飘扬？

答：图 A 刮的是海风。

练习题

1. 下图中 2 个热带气旋的名字叫什么？

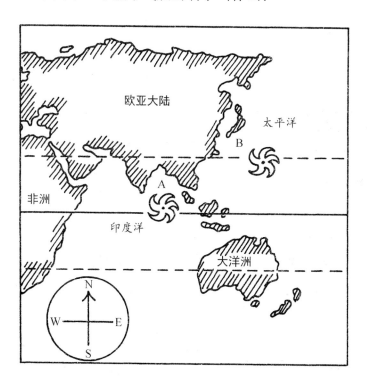

2. 下面哪张图代表赤道以北的大西洋上刮的飓风？

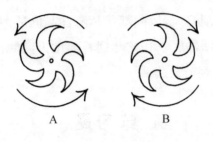

A   B

小实验　旋转

实验目的

看看暖水对上方空气流动有什么影响。

你会用到

一把绘图圆规，一张薄纸，一把剪刀，一卷透明胶带，一根30厘米长的细线，一只杯子，一些自来水，一名成年人助手。

实验步骤

❶ 用圆规在薄纸上画一个直径为 7.5 厘米的圆。

❷ 如下图虚线所示，将圆剪成螺旋。

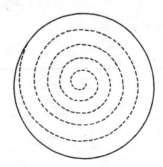

❸ 用胶带将细线的一端固定在螺旋的中央。

❹ 请成年人助手往杯中倒入热水。

❺ 手拿细线的另一端，让螺旋的底部处于比杯中水面高出约 5 厘米的地方。

实验结果

螺旋开始旋转。

实验揭秘

飓风、台风、龙卷风都需要湿润的空气和热量助推、保持前进。夏末，热带海洋上有大量的湿润空气和热量。与杯中的热水一样，温暖的海水加热了上方的空气。吸收热量后，空气分子运动加速、相距变远。分子间距离增大,使空气变轻、上升。杯子上方上升的空气遇到纸螺旋,引起螺旋旋转。旋转的纸代表了飓风、台风或者龙卷风的云团。

海面温暖、潮湿的空气上升、冷凝形成云。周围凉爽的空气流动进来,填补上升的温暖空气本来占据的位置。由于地球自转,所以填补进来的冷空气的运动轨迹呈弧形。风引起云团旋转,风速低于62千米/小时的风暴称为**热带低压**。风速高于62千米/小时的话,就变成了**热带风暴**,并会取得一个官方命名。风速达到118千米/小时,就被归为飓风、台风或者龙卷风,具体名称取决于发生的地点。

练习题参考答案

1A. 解题思路

印度洋上生成的热带气旋叫什么?

答:A热带气旋叫飓风。

1B. 解题思路

北太平洋西部生成的热带气旋叫什么?

答:B热带气旋叫做台风。

2. 解题思路

(1)赤道以北的热带气旋朝什么方向旋转?

逆时针方向。

(2)哪个图是逆时针旋转?

答:A图代表了赤道以北大西洋的飓风。

18 漂浮的冰山

海洋中的冰山

冰川是缓慢从山顶下滑的大型陆地冰体。当一个地方降雪量高于融雪量时就开始形成冰川。雪经过成年累月的堆积,不断增长的重量产生压力,压缩了雪层,封住了空气。同时,表层积雪融化后流进冰川,再次结冰。压力加上再次结冰,致使压缩的雪变成冰。

由于上面冰层重量所致,冰川下端变软。遇到障碍,产生弯曲,挤压,形成了足够的摩擦力,导致底面融化、变滑。如此一来,冰川就会在溢出融水的同时,以极其缓慢的速度顺坡下滑。冰川正面或者下端被称做冰川舌或冰川鼻。当冰川舌滑到海岸线时,这座冰川称为**入海冰川**。

冰浮在水上,入海冰川的冰川舌会受到向上的推力,裂开后掉入大海,形成**冰山**。冰山的形成过程又叫**裂冰作用**。如果冰川从悬崖入海,也会产生裂冰作用,此时冰川舌断裂,掉入大海。还有一种裂冰作用发生在水下的部分冰川舌融化时,这时冰川舌的上半部分失去支撑,成片的冰块剥落掉入海中。裂冰作用发生时,冰层断裂,通常会发出类似咔嚓和雷声滚滚的声音。

冰山大小不一，有的只是一小块，称做小冰山，有的则极为巨大，有成百上千米高，几千米宽。有的小冰山几天或者几周就融化了，大的则会漂浮很多年。但是无论大小，每座冰山体积的 4/5 都淹没在水下。

冰山的颜色取决于冰封在内部的空气多少。冰山下部压缩得更紧，几乎没有空气。白色光，例如太阳光，包含了彩虹的所有颜色的光：赤、橙、黄、绿、蓝、靛、紫。除了蓝色光，阳光中其余颜色的光都被排列紧密的冰晶吸收，而蓝色光则被反射到四面八方，使冰山呈现出蓝色。有些冰山上层和部分外层压缩没那么紧致，气泡和裂缝较多。这些冰能反射阳光所有颜色的光，它们合在一起时就变成了白色。因此，这些冰山就呈现出白色。

冰山的主要来源是格陵兰岛冰川和南极大陆架的冰。南极冰山最大。冰山在洋流的作用下，朝赤道移动。通常，43°S附近以北就见不到冰山了。格陵兰岛的冰川在裂冰作用下，形成成千上万座冰山。附近洋流将它们带向南方，遇到墨西哥湾暖流和北大西洋暖流。这两个洋流将冰山带到大西洋的北部和东北部，散落漂浮在各处。许多冰山在此过程中消融了，有些在43°N以北常年漂浮。北冰洋里，几乎没有冰山能通过连接北冰洋和太平洋的狭窄的白令海峡。因此，太平洋除了在43°S以南，几乎没有冰山。

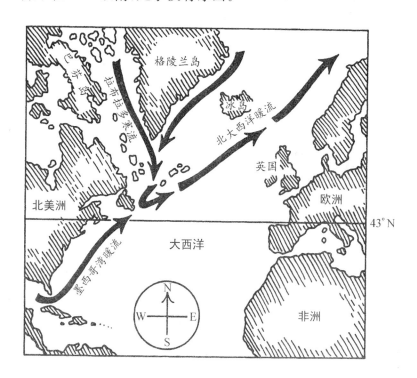

思考题

1. 找出下图中正确展示了冰山在海洋上漂浮的画面。

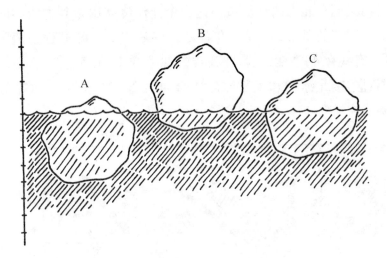

2. 找出下图中可能有冰山的地点。

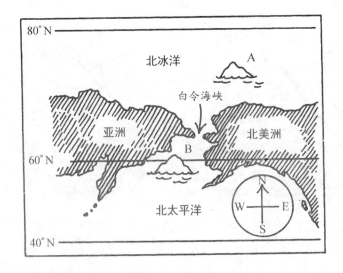

大约 4/5 体积的冰山都淹没在洋面以下。

答：A 冰山正确地展示了冰山在海洋上漂浮的画面。

北太平洋通常见不到冰山，因为没有冰山能通过白令海峡。

答：A 地点最可能有冰山。

练习题

1. 如果阳光照在内部几乎没有或者完全没有压缩空气的冰山上，冰山向四面八方反射的光是什么颜色？

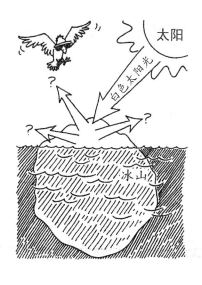

2. 下图中哪个地点更可能存在冰山？

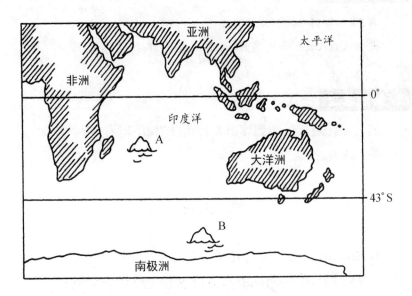

小实验 小心冰山下方

实验目的

演示冰山在水中的位置。

你会用到

一只容量为 90 毫升的小纸杯, 一些自来水, 一只容量为 1 升的广口瓶, 2 茶匙(10 毫升)食盐。

注意: 本实验要用到冰箱的冷冻室。

❶ 往杯中注满水。

❷ 将杯子放进冰箱的冷冻室中，搁 2 小时，直到杯中的水完全冻结。

❸ 往广口瓶里注入 3/4 瓶的水。

❹ 往广口瓶中加入食盐，摇匀。

❺ 取出杯中的冰。可以用双手在杯子侧面捂上 5～6 秒，手上的热量会使部分冰融化，帮助你更方便地取出冰块。

❻ 将广口瓶倾斜，让冰块沿着瓶壁滑入瓶中。

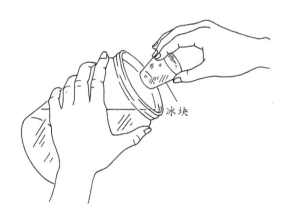

冰块

❼ 观察水面以上和水面以下的冰量。

冰块

实验结果

水面以下的冰比水面以上的多。

实验揭秘

水结冰后体积会膨胀。冰的密度略小于水，因此会浮在水面上。和本实验中的冰块一样，冰山也漂浮在充满咸水的海面上。正如所有漂浮的冰块，冰山的大部分会沉没在水里。在淡水中，冰山沉没在水下的会更多一点，因为冰和淡水的比重差小于冰和咸水的比重差。

练习题参考答案

1. 解题思路

压缩的冰，内部几乎没有或者完全没有空气，能吸收蓝光以外的所有太阳光。

答： 冰反射的光是蓝色的。

2. 解题思路

南极洲的冰山一般都位于 43°S 以南。

答： B 地点更有可能存在冰山。

海洋的分层及其生物

海洋生物类型及其生存环境

根据生活习性和生活的海域不同,海洋生物可分成不同的种类。**浮游生物**指的是在洋面或者洋面附近随着洋流或潮汐悬浮的小型生物。大部分浮游生物不能自主活动。例如藻类这种能通过**光合作用**(植物利用二氧化碳、水和阳光制造食物的过程)来制造食物、形似植物的浮游生物被称为**浮游植**

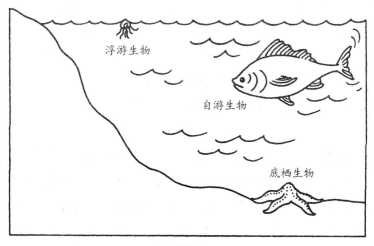

浮游生物

自游生物

底栖生物

海洋生物

物。像磷虾这类形似动物的浮游生物被称做**浮游动物**。**自游生物**是海洋中从最小的鱼到最大的鲸这些能游动的生物的总称。**底栖生物**是生活在洋底生物的总称，例如海星、蠕虫、蛤蜊和海蜗牛。

根据光照的不同，海洋可以分为 3 个区域：光合作用带、暮色带（中层带）、午夜带。不同的区域，温度、水压和营养元素的分布也不相同，这就导致了在不同区域中能存活的生物类型存在着差异。

最上边一层，**光合作用带**得到的光照最多。一般来说，洋面到水下 90 米之间的海水吸收了大部分的阳光，但是光合作用带的下缘可深达 200 米。光合作用带是 3 个分层带中最小的，但是却生活着 90% 的海洋生物。由于植物需要阳光才能存活，因此这个区域的植物生长最为旺盛。

暮色带从光合作用带底部边缘开始直到海面以下大约 1 000 米。随着深度的增大，越来越暗，温度降低，水压上升。这个区域的阳光很少，大部分为蓝光和紫光。绿色植物在这个区域无法存活。由于该区域食物较少，因此动物也较少。许多动物在这里都靠光合作用带落下的生物尸体为生。一些动物要在夜间游到光合作用带寻找食物。暮色带的一些动物会利用特殊器官在黑暗中发光。生物发光的过程叫**生物发光现象**。

午夜带［包括深层带（水深 1 000—4 000 米）、深渊带（水深 4 000—6 000 米）和深海带（水深超过 6 000 米）］从暮色带底部边缘开始直到洋底。这里唯一的光线来自生物发光现象，主要的食物来源是从海洋上层落下的海洋生物尸体。这里又黑、又冷、水压极高、缺少食物，所以生物更少。这些生物身体的化学和物理活动迟缓,因此大都生长非常缓慢,寿命较长。

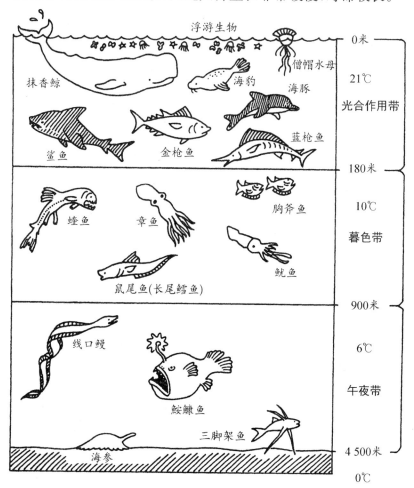

思考题

阳光是由多种颜色的光构成的,每种颜色的光在海水中穿行的距离不同。下页的图表明了不同颜色的光基本被吸收掉的海水深度。利用下图回答问题：

1. 什么颜色的光波到达的深度最深？

2. 哪些颜色的光波能到达水下 24 米？

3. 一直到什么深度所有颜色的光都还存在？

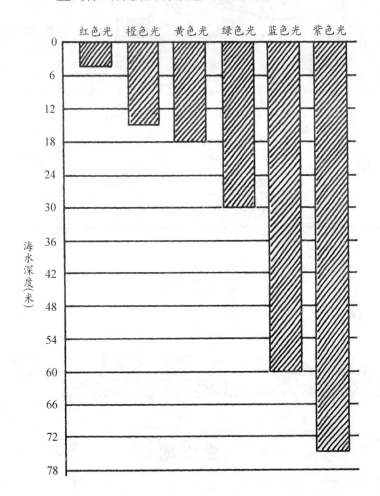

（1）最长的柱状图表明海水深度最大。

（2）什么颜色光的柱状图最长？

答：紫色光到达的水深最深。

哪些颜色光的柱状图到达或者超过了 24 米水深？

答：绿色光、蓝色光、紫色光到达了水下 24 米深。

（1）最短的柱状图是所有颜色的光都存在的深度。

（2）最短的柱状图水深是多少？

答：一直到水深 4.5 米，所有的颜色的光都还存在。

练习题

随着水深增大，水压也增大。请根据下页的图回答下列问题：

1. 哪条鱼身体承受的水压最小？

2. 多少条鱼的身体承受了 18.6 千克/厘米² 或者更大的水压？

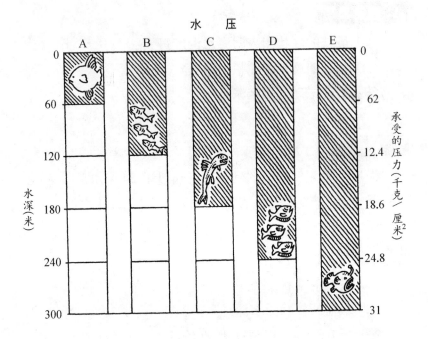

水 压

水深（米）

承受的压力（千克／厘米²）

小实验　黑暗世界

实验目的

演示为什么大部分海洋植物都生活在海洋的光合作用带。

你会用到

一只汤锅，一块草坪。

实验步骤

❶ 在大人允许的情况下，将汤锅倒扣在草坪上。

❷ 10 天后，拿起汤锅，观察被汤锅扣住的草和周围没被扣住的草的颜色有什么不同？

被汤锅扣住的草变成浅黄色，而汤锅外面的草是绿的。

海洋植物和所有的植物一样，都需要阳光进行光合作用。光合作用是为植物提供食物的能量转换反应。**叶绿素**（植物中的一种绿色色素）在光合作用中必不可少。没有阳光，不能产生叶绿素分子，会导致植物颜色变浅。一直这样下去，所有的植物,包括草在内,都会因为缺少阳光而死亡。

绿色植物在光合作用带的顶层——海洋表面——生长茂盛。随着海水深度增大,绿色植物变得越来越少。在光合作用带的底部——180 米处——绿色植物很少,甚至没有。这是因为大部分的阳光在到达这个深度前就已经被海水吸收了。

练习题参考答案

1. 解题思路

(1) 最浅的地方水压最小。

(2) 最短的柱状图表明深度最浅。

(3) 什么鱼在最短的柱状图那里?

答: A 鱼的身体承受的水压最小。

2. 解题思路

多少个柱状图到达或者超过了 18.6 千克/厘米^2 的刻度?

答: C、D、E 这 3 条鱼承受了 18.6 千克/厘米^2 或者更大的水压。

 **海洋大饭店**

海洋自养有机体和取食者的关系

企鹅捕食小鱼；豹形海豹捕食企鹅；逆戟鲸捕食豹形海豹。由于每种生物都是另外一种生物的食物，因此形成链条关系。这种关系被称为**食物链**。

海洋动植物可能成为不同动物的食物，而且大部分动物靠吃不止一种食物为生。因此，许多动物都归属于数个不同的食物链，这些食物链又相互关联，形成一个**食物网**。特定食物网存在于海洋特定区域。一个食物网的动物可能靠另一个食物网的动植物为生，因此形成了一个囊括所有海洋生物在内的相互关联的巨大食物网。

大部分海洋食物链的能源都来自太阳。海洋植物和陆地植物一样，也是通过光合作用，利用太阳能合成自己的食物。植物能将没有生命的物质转化为自身食物，因此被称为**自养有机体**。海洋中最重要的自养有机体是浮游植物群落。

取食者是不能为自身生产食物，必须靠摄取其他有机体为生的生物。例如浮游动物、蛤蜊、珊瑚等靠浮游植物群落为生的生物都处在海洋食物链的底层。其食物链上层是诸如鱿

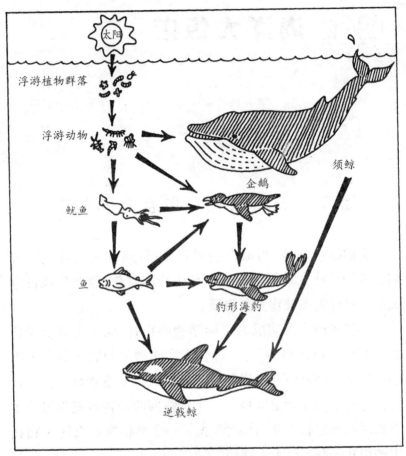

太阳

浮游植物群落

浮游动物

鱿鱼

须鲸

企鹅

鱼

豹形海豹

逆戟鲸

海洋食物网

鱼、企鹅甚至须鲸在内的靠捕食浮游动物为生的动物，再往上是例如豹形海豹、鱼、逆戟鲸等靠捕食以浮游动物为生的动物的其他大型动物。也就是说，海洋如同一个特殊的饭店，顾客可以在这里吃饭，但是也可能成为出现在饭店里下一位顾客的盘中餐。

思考题

　　如果单考虑下页图中的海洋食物链,在所有企鹅都病死的情况下,其他生物会怎么样?请从下列结果中选出最佳答案:

　　A. 小鱼数量会增大,浮游动物数量会减小;

　　B. 所有生物都会死亡。

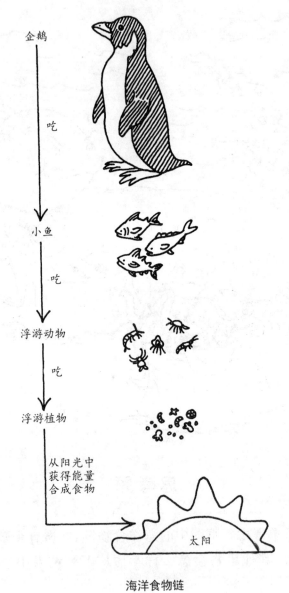

企鹅

吃

小鱼

吃

浮游动物

吃

浮游植物

从阳光中
获得能量
合成食物

太阳

海洋食物链

（1）如果没有企鹅的捕食，哪种生物会上升到食物链的顶端？

小鱼。

（2）小鱼数量增大，会吃掉更多还是更少的浮游动物？

吃掉的浮游动物更多。

答：最佳答案是 A。小鱼的数量会增大，浮游动物的数量会减小。

练习题

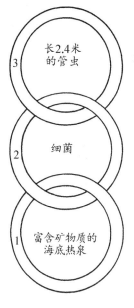

海底热泉食物链

从地壳裂缝涌出的富含矿物质的热水周围，有一种特殊的海底热泉食物链。和其他深海海底生物不同，这里生长的例如 2.4 米长的管虫等生物，形体巨大，数量众多，生长迅速，不依赖表层水掉落下的生物尸体为食。请根据左图回答下列问题：

1. 这个食物链不依赖阳光作为能源。那么它的能量源自哪里？

2. 植物利用阳光合成食物。细菌则利用什么来制造食物呢？

小实验 平衡

实验目的

演示自养有机体和取食者之间达到平衡的过程。

你会用到

一卷遮盖胶带，一支六棱柱形铅笔，2 只容量为 150 毫升或者相似大小的纸杯，一把直尺，一团核桃大小的橡皮泥，一盒回形针。

实验步骤

❶ 用胶带将铅笔固定在桌面上，让铅笔的一个平面紧贴桌面，笔尖朝你。

❷ 把纸杯分别固定在直尺的两端。

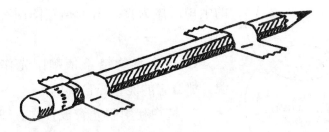

❸ 用橡皮泥捏几条小鱼。

❹ 将橡皮泥小鱼放到一只杯子中。

❺ 将回形针放到另外一只杯子中，使 2 只杯子取得平衡（直尺两端不碰触桌面）为止。

回形针

橡皮泥小鱼

加入足够的回形针，会使 2 只杯子取得平衡。

实验揭秘

回形针代表自养有机体，橡皮泥小鱼代表取食者。取食者以吃自养有机体为生。起初，刚开始加入回形针时，2 只杯子并不平衡。这表明某个区域没有足够的自养有机体来养活取食者。这时，如果取食者不能迁徙到有充足食物的地点，就会死亡。如果 2 只杯子之间取得了平衡，就表明某区域有足够的自养有机体能养活取食者。

练习题参考答案

1. 解题思路

（1）海底热泉食物链中的第一环代表能量来源。

（2）该食物链的第一环是什么构成的呢？

答：富含矿物质的海底热泉是海底热泉食物链的能量来源。

2. 解题思路

在海底热泉食物链中细菌的下方是什么？

答：细菌利用富含矿物质的海底热泉来制造食物。

洋底生物

不同洋底区域的动物与植物

海洋环境可分为两大类：开阔海域和洋底。两类环境中存在的植物和动物通常在多个方面都有区别。

洋底可以分成 3 个主要区域：潮水涨落的海滩地带叫**海岸区**；从低潮线到大陆架边缘的洋底叫**近海区**；开阔海域水面以下的洋底叫**深海区**。每个区域的生物品种和数量都不同。

随着潮汐的海水涨落，海岸在一天中时而变得湿润，时而变得干燥，所以海岸区的生物每天都必然经历变化。海水涌动，许多植物和动物会吸附在岩石上，求得稳定。有些动物，例如蛤蜊和海螺，生有坚硬的甲壳，在落潮时能保护它们不受伤害。另外一些动物，例如螃蟹和海蚯蚓，会将自己埋进湿润的沙子。

近海区从低潮线开始一直延伸到海洋。通常该区域洋面到水下大约 90 米处，温度适宜、光照充足，因此长有诸如海草、海带和其他种类的海藻植物。这个区域的洋底生机盎然，各种各样的动物，有的爬来爬去，有的在静静地安歇，有的在忙着打洞，有的休闲地四处游弋。洋底有来自腐烂的动植物所带来的充足养分。海风吹拂，这些营养成分被带到水面，给生活在水面附近的动物提供了食物来源。

深海区是洋底最深的部分。落到洋底的腐烂的生物尸体，千万年来不断累积，已在洋底形成了厚厚的一层沉积物，称为**软泥矿藏**。这个区域，阳光不能照射到洋底，所以没有植物。和其他洋底区域比较，深海区的动物最少。有些动物，例如海参，会钻进软泥或在软泥上打洞；别的动物，例如三脚架鱼，体表长刺、长有长枝状的步足，或长有绒毛，因此能在软泥上活动而不会陷进去。然而，深海区的海底几乎没有什么动物生活。实际上，大部分深海区的洋底都毫无生机。

思考题

找出正确代表洋底植物生长情况的图片。

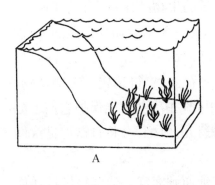

A

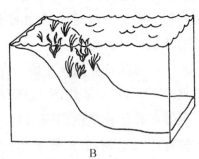

B

(1) 植物生长需要阳光。

(2) 阳光能到达水下约 90 米深处。

(3) 哪张图表明植物生长在浅水,而不是深水中呢?

答:B 图代表洋底植物的生长情况。

练习题

1. 下图能代表洋底区域的顺序吗?

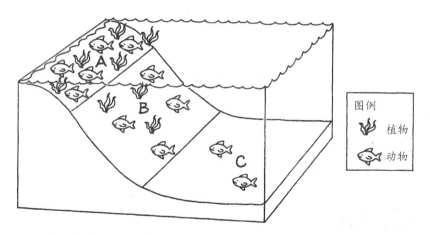

2. 找出下面 3 条鱼中哪条鱼的外形最适合在深海区洋底活动,而不会陷入软泥。

A

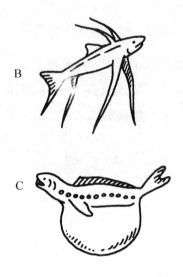

B

C

小实验　眼睛的进化

展示成年扁平海鱼如何进化以适应洋底生活。

你会用到

一团柠檬大小的橡皮泥, 2 粒花腰豆, 一张打印纸。

实验步骤

❶ 把橡皮泥捏成鱼的形状, 肚子稍圆。

❷ 在鱼头的两侧各放一粒花腰豆。

❸ 将纸搁到桌上, 放上鱼, 使鱼肚朝下。

❹ 观察鱼的身体和豆子的位置。

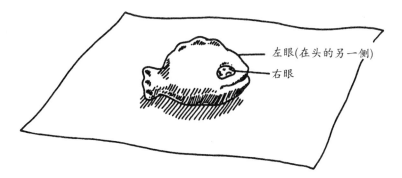

左眼(在头的另一侧)

右眼

❺ 将作为左眼的那颗豆子移到鱼的头顶。

❻ 让鱼朝左侧身躺下，轻轻弄平鱼身和鱼头。

❼ 再次观察豆子的位置和鱼身的形状。

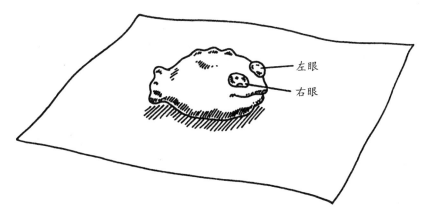

左眼

右眼

❽ 再次移动代表左眼的那颗豆子，让它靠近右眼的那颗豆子。

❾ 压平鱼身和鱼头。

❿ 观察最终 2 颗豆子的位置和鱼身的形状。

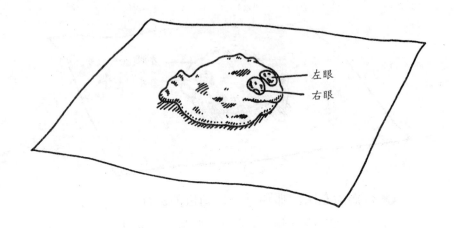

左眼
右眼

鱼头左侧的豆子一步一步被移到鱼头的另一侧,最后 2 颗豆子长到了一侧,即鱼头右侧。鱼身从圆形变成了扁形。

2 颗豆子代表扁平海鱼——例如比目鱼——的眼睛。所有的幼年扁平海鱼和其他鱼的形状大体一样:滚圆的身体,眼睛长在鱼头两侧。实验中的橡皮泥鱼模型的大小没有变化,但是自然界中,幼年扁平鱼在长大的过程中,身体开始产生变化:一只眼睛缓慢地迁移,越过头顶。此时,扁平鱼开始来到洋底生活,没有眼睛的一侧着地,侧身栖息。不久,它的身体两侧变得极为扁平,双眼在朝上、有视力的一侧紧紧挨在一起。大约 3/4 的扁平鱼都是左侧着地。

世界各地都有扁平鱼。它们在海底或者贴着海底游动,2只眼睛互相独立工作,因此各个方向都能看得清楚。它们朝上的一侧,颜色接近栖息的洋底,而且有些扁平鱼还能像变色龙(蜥蜴)那样改变自身的天然颜色,以取得更好的伪装效果。

练习题参考答案

1. 解题思路

（1）称为海岸区的海滩长有植物和动物。

（2）第二个区域,称为近海区,动植物数量最大。

（3）第三个区域不长植物,也几乎没有动物。

答：该图不能代表洋底区域的顺序。代表洋底区域的正确顺序应为：B,A,C。

2. 解题思路

为了不陷入软泥,生活在软泥上的动物需要某种类型的支撑。

答：B鱼,称为三脚架鱼,长有很细长的由鳍变成的长枝状步足,能防止它陷入深海区的软泥中。

22 海洋生物的活动方式

鱼在水中如何减速

　　海洋动物的外形、大小各异，移动方式也多种多样。为了寻觅食物、寻找配偶或者逃离捕食者，大部分海洋动物要四处活动。有些海洋动物，例如剑鱼，在寻觅食物时能快速游动，以超过 109 千米/小时的速度在水中追逐猎物。另外一些动物，例如花园鳗，它们虽然能够游动，但通常待在一个地方。花园鳗尾

花　园　鳗

朝下,头朝上,在沙中打洞筑穴,它们将头伸出洞外,捕食游过身边的食物。

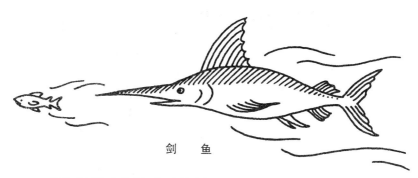

剑　鱼

有些海洋动物游动时能做出惊人之举,比如15.5米长的座头鲸,能跃到空中向后翻腾。有些鲸鱼能将头部与胸鳍扬升出水,然后再逐渐地下沉,这种体态叫**浮窥**。

某些微型海洋动物并不依靠自身进行运动,相反,它们随着洋流到处漂泊。僧帽水母气球状的身体使它能浮在洋面上,随风漂动。形似鱼雷的鱿鱼能从管状嘴巴中将水喷出以推动自己移动。它们移动得非常迅速,甚至能跃出水面,在空中进行长距离滑翔。触手多刺的海星长有管状足,足端有吸盘,足部伸长,海星的吸盘就能吸附到前面的物体上,然后,收缩足部,将身体拖向前方。

大部分的鱼都有数个**鱼鳍**(通常是鱼身上用来运动和平衡的扁平组织),各个鱼鳍共同作用,鱼才能在水中游动。鱼左右摆动鱼尾即尾鳍,进行游动。鱼体两侧成对的鱼鳍,即胸鳍和腹鳍,被用来导航和平衡身体。为了加快游动速度,这些鱼鳍一般都被收紧,贴在鱼体两侧。4个鱼鳍同时伸展,就能起到刹车的作用,帮助鱼迅速停下。分别长在鱼的背部和腹部单个生长的背鳍和臀鳍,能避免鱼左右摇晃。

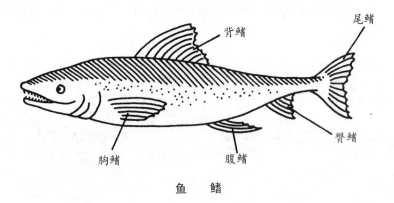

鱼 鳍

大部分鱼都长有**鱼鳔**(鱼体内充满空气的囊状物),让鱼浮在水中。空气通过鱼的口腔或血管进入鱼鳔。鱼鳔充气膨胀,鱼在水中就上浮。鱼鳔出气变瘪,鱼在水中就下沉。不长鱼鳔的鱼,例如鲨鱼,就得不断游动,才能避免下沉。

思考题

仔细观察下图中 2 条鱼的鱼鳍位置。鱼鳍处于哪个位置时能让鱼游得更快?

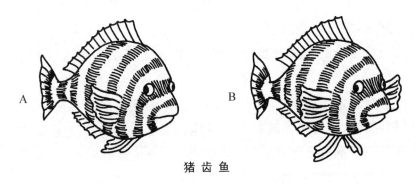

猪 齿 鱼

（1）鱼鳍越贴近身体，鱼游得越快。

（2）展开鱼鳍能帮助鱼停下。

（2）哪条鱼的鱼鳍更贴近身体？

答：A 图中鱼鳍的位置能让鱼游得更快。

练习题

1. 哪张是鲸鱼浮窥图？

A

B

2. 哪条鱼游得更深？

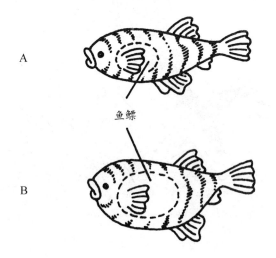

A

鱼鳔

B

小实验　鱼儿为何能在水中时浮时沉

实验目的

观察鱼鳔如何让鱼在水中上下浮沉。

你会用到

一只容量为 1 升的广口瓶，一些自来水，2 粒玻璃弹珠，2 只气球。

实验步骤

❶ 将广口瓶装 3/4 瓶的水。

❷ 往每只气球内放入一粒玻璃弹珠。

❸ 在一只气球上尽量靠近弹珠的位置打个结。

❹ 把这个气球投入盛水的广口瓶中。

❺ 为第二只气球稍微充气,然后尽量靠近气球嘴打个结。

❻ 将这只气球也投入盛水的广口瓶中。

实验结果

充气的气球浮在水面上,而没充气的气球则沉到了瓶底。

实验揭秘

物体在水中,水分子会对物体产生向上的浮力。如果物体分量不重,下面的水分子就能将物体托起升到水面,物体便会漂浮。如果物体重量大于水分子向上的推力,物体就下沉。由于气球里空气分量很轻,所以装空气和没装空气,气球的重量相差无几。然而,装空气后,气球变大,在水中占有的体积增大,对其施加浮力的水分子也相应增多,气球便漂浮在水面。鱼鳔含有的空气增多,鱼的身体变大,因此就会上浮。

练习题参考答案

1. 解题思路

哪条鲸鱼身体直立,且头部露出水面?

答:B 图中的鲸鱼正在浮窥。

2. 解题思路

（1）鱼鳔充气,帮鱼上浮。

（2）鱼鳔变小或者压缩得越厉害,鱼就游得越深。

（3）哪条鱼的鱼鳔更小?

答:A 鱼游得更深。

地球上最大的动物
——鲸

海中巨无霸

科学家将长相和生活环境等具有相似特性的生物归入不同的类别，这些类别就叫目。鲸鱼、海豚、鼠海豚都属于鲸目。鲸目下面可以分成 2 个亚目：齿鲸亚目和须鲸亚目。齿鲸亚目，比如逆戟鲸、海豚、鼠海豚，长有牙齿，捕食鱼和鱿鱼。须鲸亚目，比如蓝鲸和座头鲸，上腭长有成排的角质须，称为鲸须，不长牙齿。鲸须如同巨大的筛子，筛出海水，兜住小鱼和小虾，供鲸鱼的进食。

齿鲸亚目

须鲸亚目中的蓝鲸是海洋中甚至是地球上最大的动物。

一头成年蓝鲸,身长可能超过30米,体重180吨。但不是所有的须鲸亚目中的动物都这么巨大。齿鲸亚目的动物大小不一:小到如鼠海豚身长只有1.2～1.8米,重量50～74千克;大到如抹香鲸,身长18米,体重约40吨。

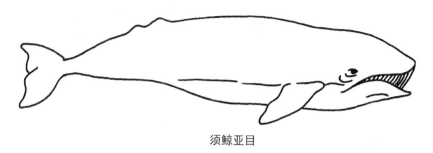

须鲸亚目

尽管鲸鱼生活在水中,形似鱼类,但实际上它们是哺乳动物哦。哺乳动物是**恒温动物**(体温不会随着周围环境的变化而变化)。鲸鱼皮下有厚厚的一层**鲸脂**(储满油脂的线状组织),能帮助鲸鱼保持体温。雌性哺乳动物长有乳腺,能分泌乳汁哺育幼崽,不像鱼一样是产卵来生育后代的,而是胎生。和所有的哺乳动物一样,鲸鱼用肺来呼吸空气中的氧气,而鱼则用**腮**从水中获得氧气。由于鲸鱼要呼吸氧气,因此必须升到水面进行呼吸。它们通常每隔5分钟呼吸一次,有时也能在水下待上比5分钟长得多的时间。

各大洋中都有鲸鱼。鲸鱼的皮肤上几乎不长一根绒毛,单单尾巴就能占到整个身体的1/3,尾巴末端是被称为尾片的鱼鳍。有些鲸鱼,例如逆戟鲸,长着2个尾片。尾片和鱼尾的垂直生长不同,它们都向两侧分开。鲸鱼通过尾巴摇摆,可以游动。尾巴加上尾片的运动,能让鲸鱼在水中的游动非常迅速。有些鲸鱼的游动速度高达72千米/小时。尾巴的巨大力气保证了鲸鱼能在水中深度下潜,然后再游到洋面进行呼吸。

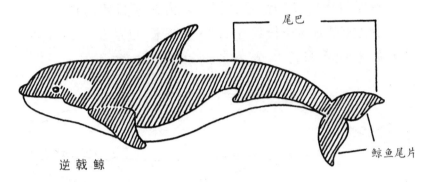

尾巴

鲸鱼尾片

逆戟鲸

　　和其他哺乳动物一样,鲸鱼是利用头上称为**鼻孔**的小洞进行呼吸的。大部分的哺乳动物都有两个鼻孔,可是鲸鱼只有一个,长在头顶。鲸鱼吸气缓慢,但呼气迅疾有力。每次鲸鱼呼气,看起来仿佛有一股水柱被喷到空中。实际上,是它体内呼出的温暖湿润的气体中的**水蒸气**(水的气体形态),遇到凉爽空气后冷凝,形成了称为"水汽"的一团浓雾。这团浓雾类似茶壶加热后冒出的气体或者寒冷天气时你从口中呼出的雾气。

　　鲸鱼的大脑比其他任何动物都大,所以科学家认为鲸鱼是海洋里智力最发达的动物。鲸鱼的眼睛虽小,但在水上和水下都具有良好的视力。鲸鱼的嗅觉迟钝,甚至完全没有嗅觉。鲸鱼的听觉十分灵敏。鲸鱼本身也能发出声音。瓶鼻海豚(也叫宽吻海豚)能发出呼啸、吠叫、喀喇等声音。其他鲸目动物可能会发出尖叫、嗒嗒、咯咯、唧唧甚至喵喵声。鲸鱼用这些声音相互交流,但是也可以利用发声进行物体定位。利用声音对物体定位叫做**回声探测**。当声音遇到物体时,会产生反射,听到回声,鲸鱼就能知道物体和自己之间的距离,在漆黑一片的海水中就能准确地绕过障碍。

思考题

利用下图回答下列问题：

1. 哪头鲸鱼能在水下待的时间最长？

2. 抹香鲸在水下能待多久？

时间(以分钟计)

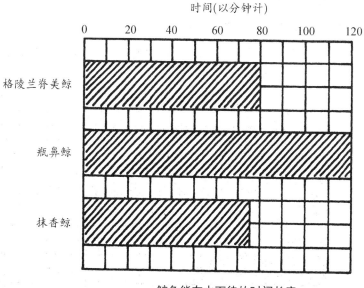

鲸鱼能在水下待的时间长度

1. 解题思路

哪一头鲸鱼边上的柱状图最长？

答：瓶鼻鲸能在水下待的时间最长。

（1）水平刻度标示为每格是 10 分钟。半格就是 5 分钟。

（2）抹香鲸的时间显示为 7.5 个格。

答：抹香鲸在水下能待 75 分钟。

练习题

1. 利用下图回答下列问题。找出所有动物的游动速度，分别以千米/小时计。

　　a. 哪种鲸鱼的游动速度最快？

　　b. 假如人以 4.8 千米/小时的速度游泳，那么哪几种鲸目动物游得比人快？

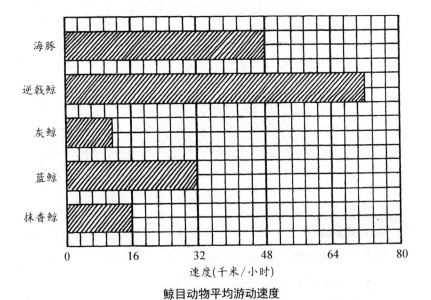

鲸目动物平均游动速度

2. 下面哪些图和鲸鱼鼻孔往外喷出的水柱相类似？

A

B

C

小实验 鲸鱼如何保持体温

演示鲸鱼皮下脂肪如何帮助鲸鱼保持体温。

你会用到

2 只容量为 210 毫升的纸杯，一盒棉球，2 根球式温度计，3/4 杯食用油。

实验步骤

❶ 往一只杯子里放入一层棉球盖住杯底。

❷ 将一根温度计放到这层棉球上。

棉球

❸ 将这只杯子装满棉球。

❹ 缓慢地把食用油倒入装满棉球的杯子中。

❺ 把另外一根温度计放入空杯子。

注意：如果温度计太重，导致杯子不稳，请将杯子放倒。

❻ 分别读取 2 根温度计上显示的温度，并记录。然后将

放有温度计的杯子放进冰箱的冷冻室，关上门。

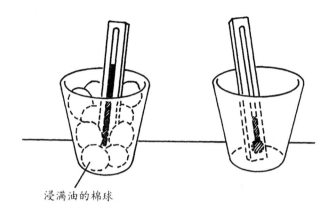

浸满油的棉球

❼ 过 30 分钟后，分别读取 2 根温度计上显示的温度，并记录。

实验结果

浸满油的棉球上放置的温度计显示温度变化很小，但是空杯里的温度计的温度急剧下降。

实验揭秘

热能会从温暖的地方传输到寒冷的地方。当热能从一个物体上转移走，物体就会变冷，温度下降。绝缘体能减缓热能的传输。鲸鱼的皮肤虽然没有绒毛覆盖，但是鲸鱼像纸一样轻薄的皮肤下有一层厚厚的鲸脂。浸满油的棉球，就如同鲸鱼的鲸脂层，起到了绝缘体的作用，和鲸脂帮助鲸鱼身体保持温度、避免热量散发到体外的冷水中一样，限制了体内热量的散发。浸油棉球的内部热量，和鲸鱼体内热量一样，有部分散失,但是多亏起绝缘作用的鲸脂,热量散失的速度变慢。然而,尽管有鲸脂层的保护,大部分鲸鱼静止不动时散失的热量还是大于自身产生的热量,因此鲸鱼要靠游动来保持体温。

练习题参考答案

1a. 解题思路

哪头鲸鱼对应的柱状图最长?

答:逆戟鲸是游动最快的鲸目动物。

1b. 解题思路

(1) 水平刻度表示为每格相当于 3.2 千米/小时。0.5 格相当于 1.6 千米/小时。

(2) 4.8 千米/小时的速度被标示为 1.5 个格。

(3) 有几个柱状图长于 1.5 个格?

答:图中所有的鲸目动物——海豚、逆戟鲸、灰鲸、蓝鲸和抹香鲸——都比人游得快。

2. 解题思路

哪张图展示了温暖、湿润的气体遇到冷气变成了"蒸气"团?

答:B 图和 C 图与鲸鱼鼻孔往外喷出的水柱相类似。

24 海洋生物如何观察外界

没有眼睛的海星如何观察外界

  最简单的视力器官叫**眼点**。眼点根本不是眼睛，而是能察觉光明与黑暗区别的感光区。许多单细胞海洋生物需要阳光才能存活，但是如果光线太强就可能受到伤害。这些生物的眼点能帮助它们趋向柔和的光线，避开可能伤害自己的强光。体型稍大的海洋生物，例如海星和扇贝也长有眼点。海星的每只触手末端都有一个眼点，扇贝在贝壳边缘长有一圈数百个眼点。每个眼点都能充当一个简单的眼睛来使用，只

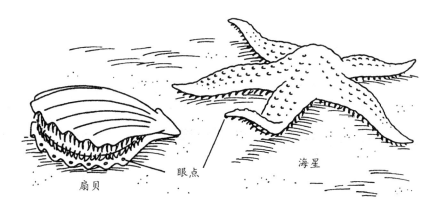

扇贝   眼点   海星

是不能**聚焦**（使物体的形象变清晰）。尽管这些眼点看到的形象不够清晰，但是如果有危险逼近，比如饥肠辘辘的海星、扇贝还是能够看到并逃走的。

因为眼睛的生长位置特别，许多海洋生物能同时观察四面八方的动静。大部分鱼类的眼睛长在头的两侧，能让它们看到周围所有的一切。比目鱼，和大部分的鱼类不一样，它们的两只眼睛长在头的同一侧。这样的眼睛对于像比目鱼这样生活在海底的生物来讲，非常实用，因为比目鱼总是侧身栖息在海底。假如比目鱼的眼睛长在身体两侧，那么其中一只眼睛就总会被压在身下的海床上。鱼类视野宽阔，但是大部分鱼类都是**单眼视力**（每只眼睛看到的是独立影像）。由于两只眼睛看到的是独立影像，所以鱼类很难判断物体的距离。其他动物，比如招潮蟹的眼睛长在能移动的肉柄上。它将自己埋进沙子躲避天敌时，可以像潜水艇上的潜望镜一样抬起眼睛，观察从隐身之处出来是否安全。它们看到的影像不像你看到的那么清晰，但是它们对于物体的移动十分敏感。

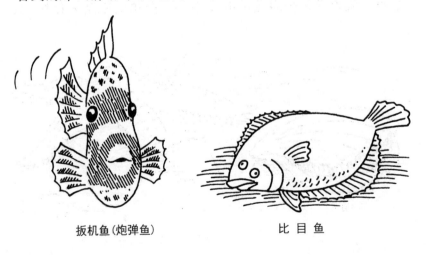

扳机鱼（炮弹鱼）　　　　　　　比 目 鱼

招 潮 蟹

人的眼睑是可以遮挡和显露眼球的褶皱状皮肤。眨眼有利于保持眼球的湿润和光泽,清除灰尘和细菌。大部分鱼类不长眼睑,眼睛由一层坚韧光滑的薄膜来保护。在水中生活,它们睁着眼睛时刻接受水的冲刷。河豚采用另外一个办法来保护眼睛。当危险发生时,河豚的身体充水变圆,眼睛周围的肌肉收缩,形成看似眼睑一样的眼袋。眼袋盖住眼睛,只露出一条小小的缝隙。

生活在洋面以下的生物得不到什么光亮来看清周围环境。随着深度增大,光线越来越弱,海洋生物的眼睛则越长越大。有些生活在光线极微弱的地方的鱼长有管状眼。每个管壁上都布满了感光组织并在管状眼的顶端长有一个球形的**晶状体**(眼睛上聚光的器官)。感光组织帮助鱼类在昏暗的环境中看清周围环境,但总体上讲,鱼看到的世界都是模糊不清的。从这些光线极微弱的海域继续下潜,来到漆黑一片的深海,这里的鱼类眼睛变得越来越小。许多深海鱼类的眼睛极度退化,甚至根本就不长眼睛。

鲸鱼无论在水上还是水下都具有极佳的视力。即便在光线极其微弱的深海,鲸鱼的视力也相对较好。另外一种具有良好视力的海洋动物是章鱼,它们的眼睛器官和人眼类似。

思考题

下图展示了两组单细胞海洋生物。每个生物长有一个眼点。如果距离太阳最近的海域获得的光照最强,那么该种生物的生活位置哪个是正确的?

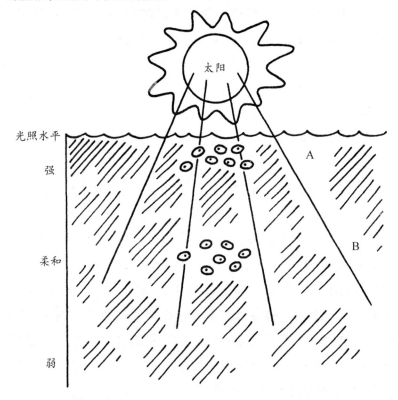

解题思路

眼点能帮助生物趋向柔和阳光,避开强光。

答:该生物生活位置正确的是 B。

练习题

1. 仔细观察下图,判断 A、B 哪幅图代表了大部分鱼类的单眼视力。

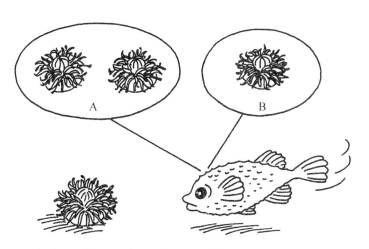

2. 仔细观察下图中的鱼眼,判断哪种眼睛最适合鱼类在接近洋面、光照最强的海域活动。

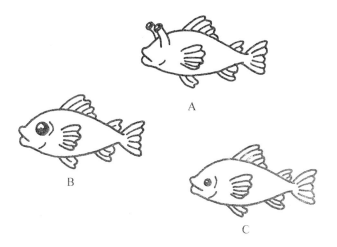

小实验　鱼眼中的世界

展示鱼眼如何看到不同距离的物体。

你会用到

一盏台灯，一盒橡皮泥，一把直尺，一支铅笔，一把放大镜，一卷遮盖胶带，一张打印纸，一只盒子（盒子的一个侧面约为打印纸大小）。

实验步骤

注意：本实验中物体的距离会根据放大镜倍数的不同而变化。

❶ 转动台灯，让灯光照向一边。

❷ 除了台灯不要让屋子有任何其他光源。

❸ 用橡皮泥做 2 个底座：一个核桃大小，一个柠檬大小。

❹ 在台灯前约 20 厘米的地方，将核桃大小的橡皮泥底座放好，把铅笔削尖的一端插入橡皮泥。

❺ 在台灯前约 1 米的地方，将柠檬大小的橡皮泥底座放好，把放大镜插入橡皮泥，正面面对台灯。

❻ 把打印纸用胶带固定到盒子的一侧。

❼ 将盒子对着放大镜的背面放好，使打印纸面对台灯。

❽ 缓缓地前后移动盒子,直到铅笔的图像清晰地出现在打印纸上。

❾ 将铅笔移到台灯前 10 厘米的位置。

❿ 在不移动盒子的情况下,调整放大镜的位置,直到铅笔的图像再次清晰地出现在打印纸上。

实验结果

当铅笔距离盒子远时,放大镜必须移近盒子才能在打印纸上出现铅笔的清晰图像。

实验揭秘

鱼眼内部长有小的晶状体(就像小的放大镜)。和放大镜类似,鱼眼的晶状体是个**双凸镜**——因为镜体的两面都向外突出。这个晶状体能**折射**(使弯曲)进入眼睛的光线,让光线进入眼睛后部称为**视网膜**的区域。视网膜上长有感光细胞,能将光能转化为电信号。然后这些电信号沿着称为视神经的**神经**(身体用来向大脑输送信息并接受大脑指令的特殊纤维组织)传导。**视神经**将电信号从眼睛输送到大脑,鱼就有了视觉。

　　鱼眼和人眼有许多共同之处。但是因为鱼在水中看东西,而人在空气中看东西,所以也存在不同。其中一个不同点是观看不同距离的物体时,眼睛的调节方法不一样。人眼肌肉牵拉可调节的晶状体,改变晶状体的厚薄,使它产生弯曲,通过调整晶状体弯曲的大小,来对或远或近的物体进行聚焦。鱼眼的工作原理则不同。鱼眼的晶状体肌肉将晶状体前后拉伸,对远处或者近处的物体聚焦。本实验中放大镜前后移动就展示了鱼类眼睛的晶状体在把物体(铅笔)聚焦到视网膜(打印纸)上时的活动。

距离2

距离1

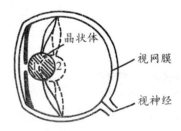
鱼类的眼睛

练习题参考答案

1. 解题思路

因为是单眼视力，所以鱼类每只眼睛看到的是独立的图像。

答：A图代表了大部分鱼类的单眼视力。

2. 解题思路

在海洋最深处、光照微弱的地方，鱼类长有管状眼（A图）和大眼睛（B图）。

答：C图展示了最适合在接近洋面、光照最强的海域活动的鱼类具有的眼睛。

鱼类有触觉吗

鱼类的感官系统

　　和人一样,鱼能通过大脑、神经、脊髓组成的**神经系统**接收周围世界的信息。**大脑**是身体运动和信息处理的中心。神经是身体用来向大脑传送信息和接受大脑指令的特殊纤维。**脊髓**是源自大脑被脊椎包裹的大型神经束。除了基本的神经系统,鱼类还有特殊的**感觉器官**(特殊神经细胞群),能察觉光线、声音、水流、化学物质等发生的变化,这些神经有:眼睛、迷路、侧线、鼻子和味蕾。

　　鱼眼和人眼有很多相似之处,但是也有不同,鱼能在水中看见东西,而人则适应在空气中看东西。在人眼中,**角膜**(眼球前部覆盖的明显的一层膜)和晶状体都能对进入眼睛的光线产生折射。在鱼眼中,只有晶状体折射光线。另一个不同是人眼**瞳孔**(眼睛中心的黑色点状开孔)的大小能变化,光线弱时,瞳孔放大;光线强时,瞳孔缩小。大部分鱼类,瞳孔的大小始终保持不变:光线弱时,瞳孔不会放大;光线强时,瞳孔也不会缩小,跟人眼不同。人眼都有视网膜的**中央凹**(影像聚焦眼睛内壁后部上的点),而大部分鱼都没有,这就是说它们的视力并不总是清晰的。鱼类因为不长泪腺，所以不会哭泣。水能帮助鱼类保持眼睛湿润。

鱼类不长耳郭，但是的确长有类似内耳的东西。鱼的内耳称为**内耳迷路**。声音在海水中传播导致内耳迷路中的液体运动。神经将这个运动汇报给鱼脑，鱼就听到了声音。内耳迷路和人的内耳很像，也能帮助鱼类保持平衡。内耳迷路中液体的运动能让鱼知道自己的头是朝上还是朝下。

在鱼体内，陆地动物不具备的特殊感觉系统是**侧线系统**，它由一系列分布在身体两侧和头部的感觉器官组成。每个感觉器官都和神经相连。人们相信这条感官能感受压力和在水中传播的声音。鱼还能利用侧线辨别水深和其他正在运动的海洋生物或物体的存在，以及和它们之间的距离。鱼在水中游动，鱼身分开水波。当鱼游近一个物体例如岩石或别的鱼时，这些水波就会反弹回来。侧线系统能感觉到拍打到鱼身上的水波，从而避免撞上障碍。

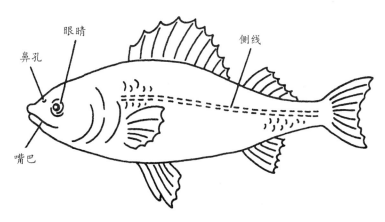

鱼用鼻子闻味。鱼的鼻子和人的鼻子一样，有两个鼻孔。水从鱼的一个鼻孔流入，从另外一个鼻孔流出。水流入鼻孔，

能刺激神经细胞,使鱼闻到气味。许多鱼都具有敏锐的嗅觉,能分辨出水中极微量的化学物质。

鱼用称为**味蕾**的特殊神经细胞品尝味道。人的味蕾长在舌头上,但是大部分鱼的味蕾分布在口腔各处,甚至口腔外的鱼唇上也有。有些鱼,比如鲶鱼,除了身体上,**触须**(长在鱼嘴上像胡子一样的器官)上也长有味蕾。

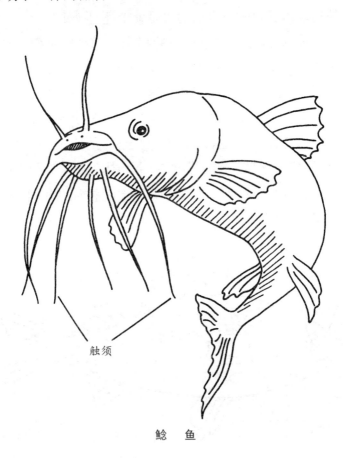

触须

鲶　鱼

思考题

仔细观察下图，选出大部分鱼眼的瞳孔对强光的正确反应。

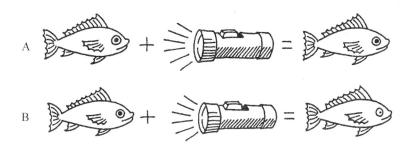

解题思路

大部分鱼眼的瞳孔不会改变大小。

答：A 图展示了大部分鱼眼的瞳孔对强光的正确反应。

练习题

仔细研究下面 2 页的图，找出被使用的是哪个感官：眼睛、迷路、鼻子、味蕾还是侧线系统？

D

小实验　鱼没有耳朵怎么听呢

实验目的

演示鱼如何在不长外耳的情况下拥有听觉。

你会用到

一支没削过的带橡皮擦的铅笔，一瓶洗洁精，一些自来水，一盒纸巾，一名助手。

实验步骤

❶ 用洗洁精和水把铅笔洗干净后,拿纸巾擦干铅笔。

❷ 用你的牙齿咬住铅笔没有削过的一端。

❸ 将你的双手捂住两耳。

❹ 请助手用手指摩擦铅笔装有橡皮的一端。记住你听到的所有声音。

你听到了响亮的摩擦声。

所有的声音都是物体**振动**（持续反复运动）产生的一种波形运动。摩擦铅笔会导致铅笔振动，铅笔的分子振动，撞击到临近分子，导致临近分子也开始振动。这些振动沿着铅笔传导到口腔，然后顺着头骨到达内耳。鱼和人不一样，它们不长外耳，但是的确生有类似于人类内耳的器官，即迷路。水中的振动能沿着鱼的头骨到达迷路。鱼的迷路和人的内耳一样能将声音传送到大脑，就产生了听觉。

练习题参考答案

A. 解题思路

加入水中的化学物质散发出气味和味道。鱼的哪个器官能察觉气味和味道呢？

答：A鱼正用鼻子闻并用味蕾品尝倒入水中的化学品。

B. 解题思路

鱼身体分开的水波遇到珊瑚,弹回到鱼身上。鱼的哪个器官能感知水波的运动？

答：B鱼正利用侧线系统感知从珊瑚弹回的水波。

C. 解题思路

阳光投射到水中。鱼的哪个器官能感知到光线？

答：C鱼正利用眼睛看鱼钩上的鱼饵。

D. 解题思路

座头鲸以唱歌闻名。鱼的哪个器官能察觉声音？

答：D鱼正用迷路和侧线系统感知声音。

译者感言

地球上 70%的表面都覆盖着海洋。而海洋,对人类来说,却一直是一个神秘的地方。大量的数据表明,人类对于深海的了解,远比对月球的了解要少得多。而这本书通过浅显的知识和简单的小实验,带你去了解海洋这个神秘的未知世界。你将了解到海底是什么样的;海底有哪些动植物;洋流是如何产生的;什么是潮汐以及海洋是如何影响地球气候的。

事实上,翻译这本书不是一件轻松的事情,因为海洋学是一门囊括了生物学、化学、地质学、物理学和地理学等知识的综合性学科。译者在翻译过程中,深深感受到作者在海洋科学知识的普及方面所做的大量工作,她能够把复杂的理论知识通过简单有趣的小实验展现出来,让枯燥的知识变得生动有趣。读这本书不仅仅要用眼睛,更要动手,按照书里的指导做一做科学小实验,我相信,通过这种方式学习的知识会记得更牢!

在本书的翻译过程中,感谢上海第二工业大学张军教授、韩笑副教授、林文华副教授和徐菊副教授所给予的帮助和指导。同时本书也得到了以下人员的大力支持和帮助,特此一并表示感谢:李名、俞海燕、吴法源、李清奇、张春超、庄晓明、沈衡、文慧静。特别感谢本书的责任编辑于学松和石婧。

(注:本书译者为上海第二工业大学英语语言文学学科金海翻译社成员)